好书精读
Master
15'

商业新闻出版公司和轻松读文化事业有限公司提供内容支持

秀出你的天才优势

MAKE USE OF YOUR ADVANTAGES

轻松读大师项目部　编

中国盲文出版社

图书在版编目（CIP）数据

秀出你的天才优势：大字版 / 轻松读大师项目部编. —北京：中国盲文出版社，2017.3
ISBN 978-7-5002-7802-3

Ⅰ.①秀… Ⅱ.①轻… Ⅲ.①成功心理—通俗读物 Ⅳ.①B848.4-49

中国版本图书馆 CIP 数据核字（2017）第 062467 号

本书由轻松读文化事业有限公司授权出版

秀出你的天才优势

编　　者：轻松读大师项目部
出版发行：中国盲文出版社
社　　址：北京市西城区太平街甲 6 号
邮政编码：100050
印　　刷：北京汇林印务有限公司
经　　销：新华书店
开　　本：787×1092　1/16
字　　数：95 千字
印　　张：15
版　　次：2017 年 3 月第 1 版　2017 年 6 月第 1 次印刷
书　　号：ISBN 978-7-5002-7802-3/B·331
定　　价：49.00 元
销售服务热线：（010）83190297　83190289　83190292

出版前言

数字文明为我们求知问道、拓展格局带来空前便利，同时也使我们深受信息过剩、知识爆炸的困扰。面对海量信息，闭目塞听、望洋兴叹固非良策，不分主次、照单全收更无可能。时代快速变化，竞争不断升级，要想克服本领恐慌，防止无知而盲、少知而迷，需尽可能将主流社会的最新智力成果内化于心、外化于行，如此才能更好地顺应时代，提高成功概率。为使读者精准快速地把握分散在万千书卷中的新理念、新策略、新创意、新方法，我们组织编写了这套《好书精读丛书》。

这套书旨在帮助读者提高阅读质量和效率。我们依托海内外相关知识服务机构十多年的持续积累，博观约取，从经济管理、创业创新、投资理财、营销创意、人际沟通、名企分析等方面选取数百种与时俱进又经世致用的好书分类整合，凝练出版。它们或传播现代经管新知，或讲授实用营销技巧，或聚焦创新创业，或分析成功者要素组合，真知云集，灼见荟萃。期待这些凝聚着当代经济社会管理创新创意亮点的好书，能为提升您的学识见解和能力建设提供优质有效便捷的阅读资源。

聚焦对最新知识的深度加工和闪光点提炼是这套书的突出特点。每本书集中解读 4 种主题相关的代表性好书，以“要点整理”“5 分钟摘要”“主题看板”“关键词解读”“轻松读大师”等栏目精炼呈现各书核心观点，崇真尚实，化繁为简，您可利用各种碎片化时间在赏心悦目中取其精髓。常读常新，明辨笃行，您一定会悟得更深更透，做得更好更快。

好书不厌百回读，熟读深思子自知。作为精准知识服务的一次尝试，我们期待能帮您开启高效率的阅读。让我们一起成长和超越！

目 录

不论求学还是工作，之所以显得笨拙，是因为你我都忽略了自己的优势。发挥优势的最好方法，就是找到自己的最爱。做自己热爱的工作，不但会更投入，更快乐，也会因为投入和快乐而得到最好的结果。因此，找到自己的优势，并淋漓地表现出来，你就是一个100分的天才。

有一些人，想法与众不同，他们知道现实世界就像是一个幻觉，所以会建构自己的理想国；他们也许没有多高的学历，但有最强的行动力与执行力，来建立自己的名声与实力；他们不怕麻烦、不畏失败、不重复做别人做过的事、不会妄想主导一切、更不愿意找一个榜样来模仿。他们重视人脉，懂得擅用团队力量共同实现自己的理想；他们可能自己创业当老板，知道如何募资赚钱，但是更明白要当自己人生的CEO。

我们经常祝福别人或希望自己“心想事成”，这种单纯念头真的能够实现吗？答案就在书中，即了解自己的想法；学习控制自己；熟练地使用神经系统设定；运用成功的4大法则；奉行“愿景、聚焦、行动”；找到理想顾客；聚焦独特销售主张。

习惯的公式是，当人们看到一个“提示”，会遵循一个“惯性行为”，以便得到渴望的“奖励”。改变习惯的要诀是，保持同样的提示与奖励，但把旧的惯性行为换成新的、更好的行为。人们每天的行为有40％受到习惯主宰，如果你了解习惯运作的这些原理，便可以改变习惯，改变人生。

秀出你的天才优势

卓越表现 6 步法

Go Put Your Strengths to Work

Six Powerful Steps to Achieving Outstanding Performance

原著作者简介

马克斯·巴金汉（Marcus Buckingham），毕业于剑桥大学，曾在盖洛普公司工作长达17年，主持多项职场绩效的研究，后来成为作家、研究员以及演说家，每年对全球超过250万名听众进行演说。目前经营自己开设的顾问公司，业务包括企管顾问、教育训练以及网上教学。合著有《首先，打破一切常规》、《发现我的天才》等图书。

本文编译：许恬宁

主要内容

主题看板

发现最真的自己

全球有超过80%的人认为，自己并没有适才适所，因此在职场上，天才与英雄才会寥若晨星。拿破仑认为，失去军事天才优势的拿破仑，将不再是拿破仑。所以，你怎么可以轻忽自己的天才优势，而期望能在各种领域出类拔萃？我们总以为，上帝忘记送给我们的礼物，我们靠后天努力可以弥补自己，岂知适得其反，不但浪费心力，更遗忘了要好好发挥天才优势。看来，小心避开会用到自己短处的作业活动，和找到方法发挥长处，是同等重要。前提是，你必须很清晰地认识自己。所以从今天起，让我们试着每天都和自己对话。当你越了解自己，就会越相信“天生我材必有用”。

发掘主导特质

美国资深心理学家、盖洛普公司已故董事长唐纳德·克利夫顿（Donald O. Clifton）博士，被美国心理学会誉为“优势理论之父”。克利夫顿以一则简单的寓言倡导优势理论和成功心理学：如果你是一只兔子，那就去跑步，千万不要为了一张全能动物的文凭去学游泳，你不仅会淹个半死，还要被别的动物取笑。克利夫顿所说的“优势理论”，就是熟知的“扬长避短”。这虽是一句老话，却经常被人忽视。中国的传统文化极其推崇所谓的“有志者事竟成”学派。愚公移山、精卫填海，鼓励人奋进之余，都在传达一个信息：只要下功夫，一切皆有可能。然而事实是，如果不是那块料，即使再怎么努力，铁杵也不会磨成针。

为了发挥每个人天生的优势，盖洛普台湾地区分公司设计了一套科学化、自动化的人员筛选研究方法，不看性别，也不看智商，而是捕捉人的主导特质，从正面角度加强其特质。这套方法的重点在于研究人类与生俱来的天赋，试着找出人们最强的主导特质，不把力气放在矫正自己的缺点上，而是不断鼓励人们运用先天的能力，再加上后天的培养与训练，激发出最高的生产力。飞人乔丹（Michael Jordan）就是典型的例子，当前方有对手阻挡，毫无出手的机会时，乔丹可以在刹那之间，感受到别人想象不到的路径，以其灵巧无比的腰力让自己在空中停留数秒钟，让篮球走不可能的路线得分。

把短处变不见

对于个人不擅长的部分，尽量不浪费力气去改善，应该专心做好自己擅长而熟练的事。要使技能由一窍不通进步到普通水准，远比由精通进步到卓越还更花心力。但是，大多数人，还有大多数的老师和组织，却都只专注于让不称职的生手能有中下程度的表现。与其这样，不如用这些精力、资源和时间，把原本干练的好手培养成卓越的明星。

大卫·马克斯（David Marks）是加利福尼亚州北部的实业家，开办了10家低价出售名牌商品的连锁店。马克斯发现，其中2家分店的效益比最佳分店低60%之多，于是着手调换销售人员、培训经理并且改善商店设施。4个月后，马克斯亲自动手，为解决问题花费数百小时，但收效甚微。在不得已的情况下，马克斯决定关闭这2家分店，将省下来的时间和资源用于其他8家分店。如果马克斯坚持改善，未必能使那2家分店的效益提高到其他分店的水准。相反，马克斯决定中止租约，关闭这2家分店，并把经理派往其他分店，体现了常人难比的勇气。

保德信证券公司负责培训的副总裁科科斯（Helyn Corcos），热情倡导扬长避短理论，并将这套理论用于招聘和管理实践。过去，保德信证券公司的4500名经纪人都做相同的事：服务现有客户和联系新客户。如今，公司根据经纪人的个人所长分配工作，有些经纪人成功服务现有客户，而另一些经纪人则更喜欢开拓新客户。公司的研究发现，部分经纪人经营高风险项目得心应手，另一部分经纪人则为客户经营蓝筹股、年金保险和存款证书等低风险产品而业绩斐然。科科斯表示："今天，我们关注的是个人及其优势。我们不要求喜欢开拓新客户的员工来服务现有客户，也不要求做期权交易的员工来推销年金保险。"

满足感

发挥特长的最好方法，就是找到自己的最爱。做自己热爱的工作，不但会更投入、更快乐，也会因为投入和快乐而得到最好的结果。因为每个人通过进一步激发自己动机的形式来发挥竞争力与技能时，会有真正的满足感和充实感。如果人满怀热情地工作，就不会觉得工作是件苦差事，反而觉得自己是在创造、设计、规划、主动提议、领导与服务，做一项充满意义的活动。

杰夫·史密斯（Jeff Smith）是烹饪畅销书作者和《家常菜》电视节目主持人。史密斯每做一道菜、每向观众传授一门烹饪绝活时，都会心满意足。旧金山 49 人队的四分卫乔·蒙塔纳（Joe Montana）每完成一次漂亮突破，就体会到相似的满足。李·艾柯卡（Lee Iacocca）和诺曼·施瓦茨科夫（Norman Schwarzkopf）等领导者，则为自己面对千难万险时无坚不摧的雄才大略而扬扬自得。满足的经历包含着巨大的情感和心理回报，源自我们感到其乐无穷的活动。满足不仅是暂时的快乐，而且是构成我们自身的内在动力。我们每完成一项特殊任务所产生的快感，能形成内在的心理动力，促使我们千百次地重复一种活动。

5分钟摘要

善于发挥自己的长处

在你平常一天的工作时间中，有多少是用来处理可以发挥自己长处的事务？

我们请200多万名受访者回答这个问题，结果显示，只有约17%的受访者说自己可以把大部分工作时间都用来发挥自己的长处。其余受访者似乎都会受到庞杂事务的干扰，而这些事务是没有生产力的。大部分受访者都忽略了这一点。许多针对绩优组织的研究显示，卓越人士非常善用自己的长处，不会费心思改进自己的短处。

难就难在，要怎么找出更多方法让我们可以每天运用自己的长处。因为工作中有种种限制，所以这听起来或许难以成真，但其实10个人之中，几乎就有2个人能想办法做到这一点。要想成为这些人中的一员，必须每天采取下列6大步骤：

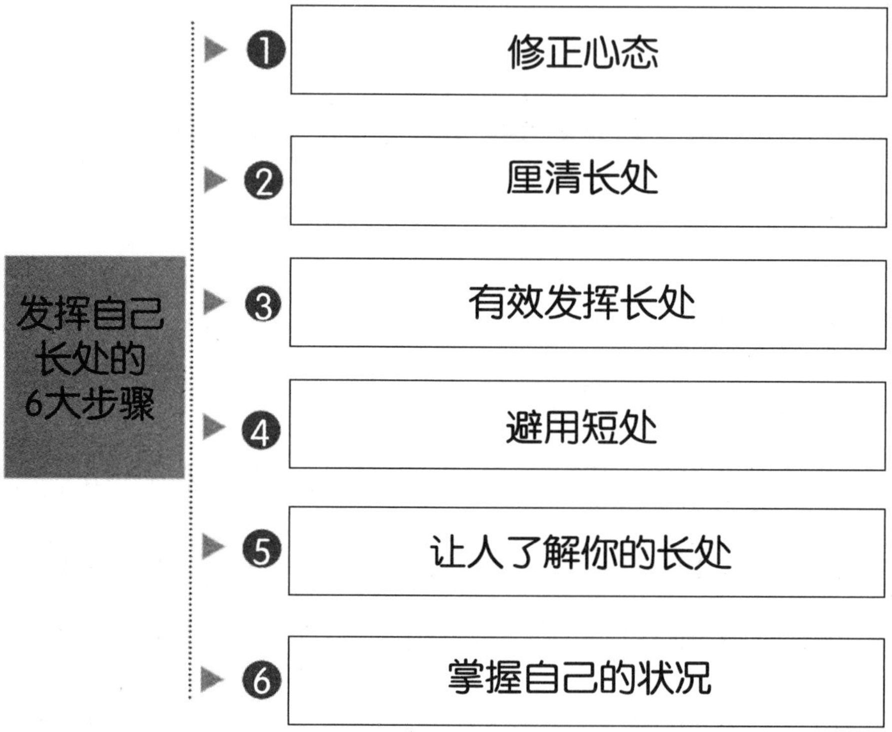
发挥自己长处的6大步骤
❶ 修正心态
❷ 厘清长处
❸ 有效发挥长处
❹ 避用短处
❺ 让人了解你的长处
❻ 掌握自己的状况

一 修正心态

只有真心相信，利用自己的长处会比尝试改进短处更有生产力，才有可能成功运用自己的长处。有3种观念，会让人一心想着改进自己的短处。要正面迎战这3种观念，就要摆脱想要矫正短处的心态。

商业界长期存在3种观念，如果盲目相信这些观念，可能会牺牲你的效率。这3种观念分别是：

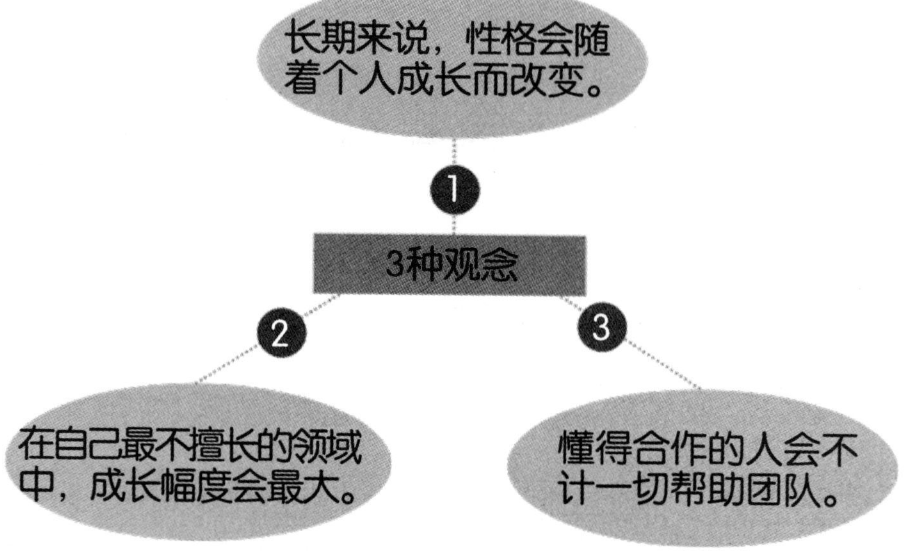

接下来依序说明这3种观念：

（1）长期来说，性格会随着个人成长而改变。

这种观念深植于大众文化之中，大约有66%的人相信这种观念。大家都喜欢狄更斯的名著《圣诞颂歌》中吝啬鬼斯克鲁奇的故事，斯克鲁奇原本性情乖戾，后来转变成慷慨大方、十全十美的大善人。

现实是：随着个人的成长、心智的成熟，最后其实会更明显地展现自己的本性。

《圣诞颂歌》不过是美好的故事。人不会随着年龄渐增，突然蜕变成另一个完全不同的人，也不会神奇地改变性格，展现出自己之前没有的长处。在现实生活中，人在早年的作为其实是相当清楚的指标，可以由此看出未来人生可以达成什么成就。父母亲在子女约5岁时开始，就应该很清楚子女的长处。事实是：

◎ 随着年龄渐增，自己对原本就擅长的方面应该会更加熟练，因为自己乐于练习和磨炼这些技能。

◎ 随着时间的推移，人应该会更得体也更慷慨，但还是会完整地保留基本的天性。

◎ 人生就是一段旅程，大家都希望自己可以大大进步，但是要突然改变自己目前的喜好，扩展到截然不同的新领域，几乎是不可能的，最后反而会很可能从事更多自己原本就擅长的事务。

◎ 人的天性是可以适应环境的，这是千真

万确的。只要某些事情够重要，我们就会把这些事做得更好。但是这并不表示溪谷会在一夕之间变成山峰，只表示溪谷会变得不是很陡峭，山峰会变得比较平坦一些。

（2）在自己最不擅长的领域中，成长幅度会最大。

大约有61％的人相信这种观念。小孩子从开始上学起就被灌输这种观念，大多数家长看到成绩单上的“F”，就会一直要求自己的子女想尽办法在这个科目上取得进步，却故意忽略成绩单上还有其他得到A和B的科目。这种样样都要好的观念在社会上相当普遍。

现实是：你一定会发现，让自己最擅长的领域有所成长，会是最轻松也最有趣的。

尝试改进自己的弱点，会非常辛苦，这跟一般人的观念大相径庭。相对而言，提升自己原本就擅长的领域就有趣得多，也会引人入胜。处理个人擅长领域的相关事务，会因为自己的乐观和热忱而使得自身的表现很突出。如果同事也非常重视你处理的事务，那么你还很有可能成为最擅长领域中的佼佼者。如果在青少年时期能让自己从事的活动更着重在自己的长处上，就等于是为自己打稳基础，能够在未来有卓越表现。

（3）懂得合作的人会不计一切帮助团队。

有91％的人相信，团队的共同利益，远远胜过个人的好恶。在商业界，弹性和应变能力是常常被赞美的特质，这使得大多数人认为自己应该毫不为己。

现实是：懂得合作的人通常会为团队奉献自己的长处，这样才能有效作出贡献，而不是一无是处。

明智的团队成员希望能有所贡献，而有所贡献最有效的方法就是先找出自己的长处，然后设法让团队尽可能利用自己的长处。如果每位团队成员都能找到自己分别擅长项目中的哪些方面，即使个别团队成员不是很完美，团队还是能够变得能力十足、十全十美。只要一群人通力合作，充分发挥每个人的长处，就可能创造出非凡的成就。

虽然我们承认在现实中要让团队顺畅运作是很困难的，但是如果成员不认真看待自己的长处，那么要想顺畅运作就变得几乎不可能。只有当团队成员都开诚布公地说出自己的长处和短处，团队领导者才有可能采取适当做法，引导大家发挥长处，避开有所不足的领域。懂得合作的团队成员本身不是十全十美的，但是他们所属的团队拥有可供运用的、十全十美的技能组合。

关键思维

“发挥自己的长处”听来那么理所当然，在提出这个观念时，每个人都会欣然点头赞成，但我们大多数人都不是真正相信自己可以这样生活。要让更多的人相信这个道理，你就必须尽自己的力量说服身边的人，让他们了解这个道理所隐藏的智慧。

——马克斯·巴金汉

你或许会认为，想要让自己在擅长的领域更加进步，可能会招致其他人异样的眼光，但是事实可能恰恰相反。其实你会赢得名声，让大家了解你不会满足于目前的表现，这对你绝对是有利的。

——马克斯·巴金汉

最有竞争力的企业，就像最有竞争力的国家一样，会集合自己的优势，让弱势不造成影响。

——彼得·德鲁克，管理学大师

绩优高级主管根据的是优势，包括自己的优势、主管的优势、同事的优势、部属的优势，以及情势的优势。

——彼得·德鲁克，管理学大师

二　厘清长处

如果自己在特定几项活动上的表现可以持续达到世界级或是几近完美的程度，那这几项活动就是自己的长处。想要把更多时间转而用在长处上，就必须详细清楚地厘清自己的长处。这没有表面上听来那么困难，因为自己很清楚，有些活动是原本就擅长且十分热爱的，而这些活动通常就是自己的长处。

1. 个人长处的3大要素

每个人的长处都是独一无二的，构成要素包括：

(1) 天赋——自己成长之前就已经具备的特性。

(2) 技能——自己靠学习而习得的体能、智能和社会能力。

（3）知识——自己过去从事特定活动获得的经验。

2. **找到自己的长处**

个人长处可以从4个征兆中看出来，只要考虑几个关键问题，就能够评价自己有哪些长处。这4个征兆见下页图表。

简单来说，人在从事特定活动时会觉得游刃有余，这些活动就是个人的长处。同样，如果从事自己不擅长的活动，就会感到力有未逮。人们天生就会被特定的活动吸引，这种活动能够让我们的天性、成长和需求带领我们走向成功。要达到世界级的成功，通常仅靠努力不懈地练习是难以成就的，但对于在该领域天生就具备优异条件的人来说，却是轻而易举的事。

3. **只有自己最了解自己**

最能判断自己拥有哪些长处的是自己。只有自己才能够找出哪些活动是自己热爱的，哪些活动是自己不喜欢的，或者哪些活动纯粹是为了五

S	= 成功
	• 过去在这项活动上就已经表现相当出色。 • 有人说过，我在这项活动上表现得非常好。 • 曾经因为这项活动受到奖励或嘉勉。
I	= 天性
	• 我喜欢每天做这件事。 • 我发现自己常常自愿要做这件事。 • 我靠直觉反应就可以在这项活动上有好的表现。
G	= 成长
	• 我很快就可以学会怎么做得更好。 • 我发现自己每天都会想到这件事。 • 我等不及想要学会怎么做得更好。
N	= 需求
	• 我一直期待做这件事。 • 我认为做这件事很有趣，不像是在工作。 • 做这件事可以让我获得成就感。

斗米折腰。只有自己才能分辨哪些活动自己觉得游刃有余，哪些活动会让自己觉得力有未逮。也只有自己才知道哪些活动会吸引自己，而且是自己真心喜欢，且自愿乐意做的。如果可以掌握内

心对不同活动的反应，然后做更多自己认为擅长的事，就能有突出表现。

（1）记录自己观察的心得——如果你跟大多数人一样，有太多事要忙，从来没有真正花时间找出自己的长处有哪些。如果是这样，试着用两张纸记录自己的长处和短处。

◎ 只要完成一项自己觉得表现很好的活动，就停下来记录自己具体做了哪些工作，哪些工作让自己觉得游刃有余。

◎ 试着记录 2 到 3 项，描述自己觉得表现好的活动，要详细而清楚。

◎ 记录自己觉得表现最好的活动，这些活动会让自己有创见、有弹性而且全心投入。

◎ 要记住，记下的内容对自己非常重要，对别人不重要。试着记下哪些事项可以激励自己，不要在意其他人的想法。

◎ 记录要具体，如果能更详尽，记下的内容会更有意义。

（2）创造自己的活力——只要清楚了解自己最擅长的事项有哪些，就可以试着安排自己每星期有时间做更多游刃有余的事，少一些力有未逮的事。想象一下，如果每星期的时间都可以用来从事自己最擅长的活动，会是什么情况。你会觉得自己精力充沛、创意加倍，会达成超乎自己想象的成就。

（3）不必向外界寻求答案——许多人会寻找更多外在的证明，确认自己的长处。这种做法的问题是，在你做一件事时，没有人能够告诉你，你的感觉是什么。没有人能够说明某项活动是让你高兴，还是让你无聊透顶。他人可以评判你表现的好坏，但是不会知道你脑子里在想什么。所以要信任自己的评估，即使非常主观也无所谓，没有人能够比你更了解自己。

关键思维

未来几个月和未来几年会遇到的挑战，可以

简化成下列这个问题：“该怎么做才可以在这个星期多加发挥自己的长处，哪怕比上星期多发挥一点。”

——马克斯·巴金汉

自己个性中最主要的特性，在各种时间和状况中都是不会变的。但是这些天赋会在自己面临不同状况时，以不同的形式显现出来。在未来的日子里，人会肩负各种新的责任，而这种状况的危险之处就在于，那些不能鼓舞自己的活动会占满自己一星期的时间。要与这种危险进行战斗，每年进行两次，每次都选一个星期来记录自己对本周内活动的情绪反应。要妥善控制工作时间，就必须了解自己的目标所在，以及自己希望怎么运用自己的时间。每年两次的检视方法，能够帮助自己设定目标。

——马克斯·巴金汉

三　有效发挥长处

了解自己的长处之后，接下来就要思考如何在工作上运用长处。比较实际的做法是，如果有些团队能够充分发挥自己的长处，那就要自愿加入这种团队。没有人会像你自己一样，热切希望从事能够善用自己长处的活动，所以一定要积极创造对自己有利的机会。

1. 这份工作符合自己的长处吗

更深入了解自己的长处之后，就应该好好考虑在目前职位上运用下列5项策略。

(1) 找出长处对自己目前的角色有哪些益处——然后找到实际的做法，每天多想出一些长处对自己有益的地方。你很可能会不时地运用到自己的长处。接下来的目标就是，有计划地让长处找到更多发挥的机会。判断自己目前运用长处的方面与方式，思考可以用什么方法让运用长处的方面更广、方式更多。

（2）找出自己在目前的角色中错失了哪些善用长处的机会——采取行动去运用这些机会。可以确定的是，你一定错失了某些机会，没有人刻意不让你运用这些机会，但是你自己却从来没有花时间去考虑怎么运用。或者你可能会设法避免做些无益的工作，这种工作会花费自己大量的时间，又不能运用自己的长处。如果真是这样，就要赶紧行动起来。

（3）学习新技能和技术，磨炼自己的各项长处——让各项长处变得更突出、更有价值。学习和训练特定技能可以加强自己的长处，自己或许能够通过这些学习的过程而受益。找出几项特定技能，并磨炼这些技能，然后说服主管，让主管同意自己运用这些最近加强的技能。这么做能够为自己赢得好名声，让人相信自己并不会因为现有的成就骄矜自满，而是想要持续学习与进步。

（4）调整自己目前的工作，让工作更符合自己的长处——方法就是让技能与自己整体的工作内容更相符。任何更完善、更省钱或者更有效率的执行方法，自己服务的团队都会感兴趣。想出有创意的新构想，让自己可以靠这些构想经常性地运用自己的长处，这么做可能会让自己和主管获得双赢。如果能够提出具体证据，证明自己建议的方法能够为团队增加获利，主管最起码一定会考虑这个点子，不是吗？

（5）离开目前的职位，找寻其他可以更善用长处的工作——这基本上是最后的杀手锏。最好不要走到这一步，但是如果状况迫不得已，那么就应该勇于放弃自己目前的工作，另寻更好的发展。把这一步当作最后的选项，先执行其他各种策略，往往最后就能获得令人惊喜的结果，但是如果迫不得已，主管不愿意配合，那么就要离职并且找到更好的工作。只要了解自己擅长的地方，懂得怎么提高生产力，处处就会是机会。

2. 想办法把长处都用上

要善用自己的长处，有4项最重要的策略，我们用下面的表格简要说明一下。

F	=探究，看出这项长处对自己的帮助
	• 工作上什么时候会运用这项长处？ • 运用这项长处的频率有多高？ • 这项长处表现出什么实际成果？ • 其他人对自己这项长处的看法是什么？
R	=再造，找到错失的机会
	• 哪些新状况可以更广泛地运用这项长处？ • 能不能调整工作行程，促进这些状况？ • 哪些新的方法可以加强这项长处？ • 可以跟谁讨论来获得这些方法？ • 如何追踪自己运用这项长处的程度？ • 如何在其他工作职责上运用这项长处？
E	=教育，学习新技能
	• 哪些新技能可以让自己善用这项长处？ • 要学习这些新技能可以怎么做？ • 可以跟哪些人实习，借此学习这些技能？ • 可以跟哪些人深谈来帮助自己进步？
E	=拓展，进一步发挥长处
	• 我如何跟其他人分享自己的长处？ • 哪些状况可以增加分享的机会？ • 怎么做才能更加善用自己的长处？

3. 请好友助一臂之力

如果无法想出有效方法来发挥长处，可以试着跟朋友一起回答表格中的问题。朋友或许可以帮助你更深入思考，想出具体答案。如果你思考这些问题时太随意，跟朋友讨论也会很有帮助。知心好友对自己的看法，或许会像是当头棒喝。如果真的决定需要朋友帮忙评判自己，那么在开始前就必须先告知朋友下列 3 件事：

（1）告诉朋友，如果有任何一个问题不知道答案，完全没有关系，因为没有必要每个问题都作答。

（2）请朋友逼自己提出具体做法，不要泛泛谈论，含混带过。要清楚说明具体行动，不要作不明确的承诺。朋友最常说的应该会是："好啊，你说的听起来很好，但是你要采取哪些具体行动？"

（3）向朋友说明，请他们帮忙是为了提升自己的绩效并且自如应付每日的苦差事。朋友大概会认同你的目标，或许还希望与你交换心得，因此要做好准备。如果朋友非常了解你，就会督促你。要想成长并且获得成功，就得靠这种方法。

4. 让每周都成“优质周”

对大多数人来说，找出哪些活动能够有效善用长处之后，接下来真正的挑战就在于，要怎么增加自己从事这些活动的时间。在这方面要努力的目标是，把自己工作中表现最好的方面变成每周的例行工作。要真正做到这一点，就必须培养新的工作习惯，工作习惯必须既简单又能让自己不断进步。

要培养更好的工作习惯，最有效的方法就是调整自己每星期的工作计划，尽可能用更多的时间来善用自己的长处。一星期的时间非常适合用来规划，因为这段时间足以让你深入规划具体事项。如果能够让一个星期变成“优质周”，也就是说在这个星期中，大多数时间都能够有效运用自己的长处，就等于拥有了非常强有力的利器，能够最大限度地发挥自己的长处。

5. **开始行动**

安排自己一星期的工作时间，大概花 15 分钟就够了。具体步骤包括：

（1）先思考自己上星期中有多少时间是用来运用长处的。制成简单的圆饼图，然后算出自己真正运用长处的时间所占的比例。

（2）接下来要试着预测，下星期会有多少比例的时间可以用来运用长处。无可否认，这只是你个人的预估，但重点是，要让自己的预测一星期比一星期更准确。

（3）找出自己下星期要进行的两项具体行动，抽出更多时间来运用长处。这两项行动必须要具体，虽然可能不会有很大效果，但是应该能让你有更多时间。

（4）最后，找出自己必须采取的两项行动，以免自己花那么多时间来从事不能发挥长处的活动。要努力创造前进的动力，所以要仔细思考，自己可以不用从事哪些没有实质意义的工作，然后投入心力排除这些工作，并且要确实能做到。

（5）不断重复上述步骤，周复一周、年复一年。

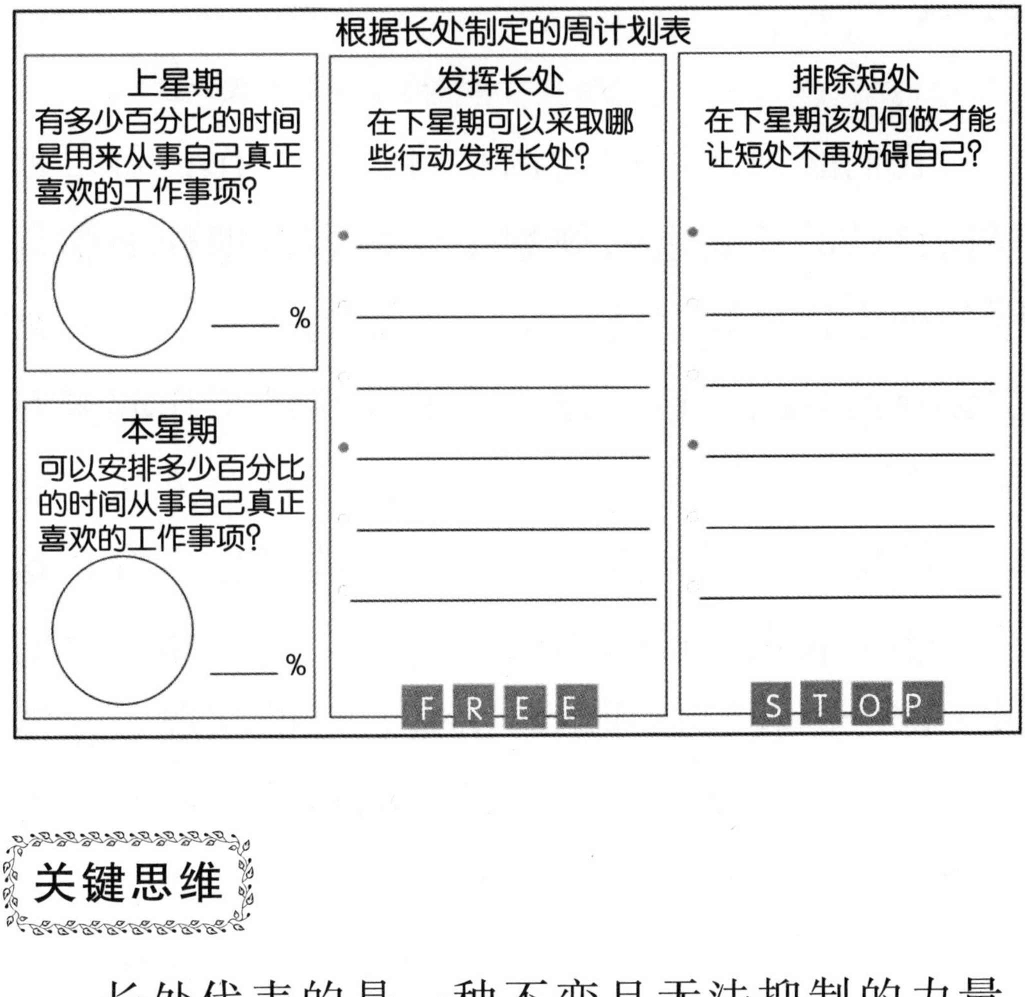

关键思维

长处代表的是一种不变且无法抑制的力量，一定要让这种力量释放出来。之所以要释放这种力量，是因为你无法靠外在环境发挥这种力量。环境不在乎你有哪些长处，它有可能鼓励你让长处尽情发挥，也有可能在路上设置障碍，或是误导你走上错误的道路，这些道路只会通往混乱和气馁。

——马克斯·巴金汉

我们必须学习如何调整目前的工作，每星期根据自己的长处重新规划工作内容，即使面临周围各种干扰也要坚持下去。要做到这一点，必须学会新的方法，这个方法能够让自己工作起来有条理而且目标明确。每星期都运用这个方法，然后逐渐地、一点一点地调整自己的工作内容，这样工作中表现得最杰出的事项才会占工作内容的最大部分。我们必须时时清楚自己的状况，才能每星期都从事更多有鼓舞效果的活动，避开其他活动。

——马克斯·巴金汉

四　避用短处

在寻找机会善用自己长处的同时，也要避开自己不擅长的活动。下定决心，努力避开所有会减损自己效率的活动。千万不要制定终极目标以改进自己的短处，这完全是在浪费时间和精力。相反，要设法花最少的时间来处理自己力有未逮的工作。

只要确切了解哪些活动会减损自己的整体表现，接下来就可以采取具体措施，让自己不要再进行这些活动，以免影响到工作表现。每天排除的有损效率的活动越多，就越能为自己的人生赢得充分的自主权。

1. 找到自己的短处

短处最明显的征兆包括：

◎ 自己在这个领域绝对很少成功。

◎ 直觉上就想着尽可能避开这项活动。

◎ 没有动力去改善自己在这方面的表现。

◎ 完成这项工作没有一点成就感。

2. 妥善处理短处

不想让短处再阻碍自己达成卓越表现，可以采取下列4项策略：

（1）不要再从事这项活动——看有没有位居要职的人，会注意或是关注这种状况。当然不要让自己因为这么做而被炒鱿鱼，但是你会很惊讶地发现，往往不会有人注意到你不再进行某项活动。运气好的话，就算自己都不再从事不喜欢的活动，也一样是没有人会注意到。大多数团队比较懂得开始推行新措施，不擅长终止不必要的活动。看看自己不愿意从事的活动，会不会非常浪费时间，是不是可以放心舍弃，会不会造成任何影响。

（2）有的人乐于从事自己不喜欢的活动，跟这些人合作——由他们来进行那些会减损自己效率的活动，让他们能够借此提升工作效率。当然，你必须找到跟自己喜好完全不同的人，但是这应该不难。如果能够找到这种人，彼此协商出对方看重的条件，就可以达成强有力的双赢局面。

（3）专注在自己的一项长处上——设法让自己的工作越来越能发挥长处，越来越不必用到短处。只要某项做法能够创造最高价值，一定会吸引团队的注意。如果能够从事自己擅长的工作，不断创造价值，即便没有时间从事自己不喜欢的工作，又有谁会提出意见？大家都同意，时间和资源是有限的，所以应该把时间和资源用在创造最大效益上。

（4）试着改变自己的看法——看看如果从不同角度来看待自己的短处，会不会有不同的看法。改变看法的方法可以很简单，例如改在不同时间进行这项活动。有些人喜欢先处理其他事，等到自己觉得做好准备、精力充沛的时候，再进行自己不擅长的活动；有些人则喜欢尽快解决掉自己不擅长的工作。如果调整工作时间没有帮助，就可以试着把自己最不擅长的工作和长处联想在一起。举例来说，虽然很不喜欢编预算，同时还希望大家认为自己很重视团队合作，此时就要用心思考编列新预算能够为团队带来什么帮助。

3. 把短处变不见

上述 4 项策略能够让自己避免运用短处，下面我们用图表简要说明一下：

S	= 切割，不再从事这项活动
	• 这项活动对自己工作绩效的影响大不大？ • 有没有办法不再从事这项活动？ • 如果没有办法，可不可以减少从事这项活动的时间？ • 要真正做到这一点，应该跟谁讨论？
T	= 互补，团结其他人的力量提高效能
	• 有哪一位同事真正喜欢这项活动？ • 有没有办法用交换的条件把这项活动交给其他人负责？ • 谁可以教我怎么把这项工作做得更好？ • 如何让这项工作更有趣？
O	= 调整，提出方法让工作更符合长处
	• 这项活动运用了自己哪几项长处？ • 要自愿参加哪些事务，才可以运用这些长处？
P	= 转念，从其他角度检视自己认定的短处
	• 如何改变自己对这项工作的看法？ • 在一天之中换不同时段做这项工作，有没有改善？ • 要如何运用自己的长处，才能把这项工作做得更好？ • 如何借助这项工作，让自己的其中一项长处更精进？ • 要如何把这项长处跟自己热爱的工作联想在一起？

关键思维

除了要了解自己的长处，更要了解自己的短处。长处和短处一定都要充分了解，因为未知可能会伤害你。短处就像敌人一样，当短处悄悄侵害自己的工作和生活，是更危险的。深入了解哪些活动会减损自己的效率，把每项活动一一标示出来，就可以采取具体行动，阻止这些活动继续侵害。

——马克斯·巴金汉

会减损自己效率的活动就像是有毒的定时炸弹，等着要散播毒素到自己运用长处的时间里，自己在这段时间内进行的活动，原本是会让自己觉得游刃有余的。找出这些会损害效益的活动，并一一列举出来，当这些活动一出现时就有所警觉，然后让自己避开，或者是只要忍耐一小段时间就够了。这样就等于用铅箱把这些活动锁起来，然后抵消这些活动的伤害。列举、封箱，再来就安全了。

——马克斯·巴金汉

短处最常见的定义是，会让自己觉得力有未逮的活动。这种活动不管自己有多么熟练或不熟练，一直都会给自己造成负面的情绪反应。

——马克斯·巴金汉

能够让自己更有效率的活动，会给自己带来满足感和力量，让自己觉得很充实。而那些会减损自己效率的活动，就不是这么回事，这些活动好像能够对抗物理原理，会在空虚之中再灌进更强的空虚感。这种空虚感不是毫无影响的，感觉起来就像是胜出的反面，也就是失败。采取具体行动排除短处之所以这么重要，其中一个原因就是，这些短处会造成空虚感。

——马克斯·巴金汉

五　让人了解你的长处

不要不好意思告诉别人，自己的长处和短处有哪些。跟自己的主管讨论自己的长处和短处，是非常重要的。另外还应该跟自己的同事讨论长处和短处，这样在分配工作的时候，同事就会清楚你在哪些方面会比较擅长。想要尽可能把时间用来进行自己擅长的工作，就必须懂得跟自己的主管和同事讨论。学习在讨论长处的时候怎样才不会让人觉得是在自夸，在讨论短处时不会让人觉得是在发牢骚。

基本上这项步骤就是要坦率直言，这样才能获得主管的协助。当然表现要得体，让主管认为你是个负责任的人，知道你希望能更有效地贡献自己的心力，而不是个极端自我主义者，希望别人赞美自己。最重要的就是要让主管相信，自己希望为主管分忧解难。

要运用这个方法就必须大胆直言，不能只是点到为止。想要达成卓越表现，就必须坦率而直接地说出自己希望达成的目标。要有效做到这一点，通常不能毕其功于一役，反而应该按照下列4个步骤进行讨论：

1. 讨论长处

要注意的是，这不是考核绩效，也不是制定目标等类似活动。这只不过是一般的对话，让自己更能清楚地说出自己擅长的项目。如果主管对你的认识不是很深，那么甚至可以找主管以外的人进行这段对话。这段对话最重要的目的是：

◎ 清楚说明自己最主要的长处是什么。

◎ 提出2到3项例证，说明自己怎么运用这项长处。

◎ 说明这项长处对自己的工作表现有什么帮助。

◎ 用同样方式再说明两项长处。

这段对话要达成的目标是，可以适当说明自己的状况，没有必要让对方认同自己说明的内容。

2. 讨论“我该怎么协助你”

这段对话的对象是你的主管。选出一项长处，然后向主管说明你要怎么运用这项长处让项目进行得更顺利，或是让特定绩效能够提升。接下来就要做2件事：

◎ 直接询问主管，自己可不可以把更多时间用在能够发挥长处的工作上，为公司贡献更多心力。

◎ 如果主管同意，那么就可以讨论该用哪些时间表和里程碑来检视实施的成果。

要注意的是，这段对话要简短，而且要锁定在单一长处上。这个阶段只要讨论这些就够了，对话一定要简短而且紧密聚焦。

3. 讨论短处

这段对话的对象可以是你的主管，但是你要

跟这个主管相当熟悉，也可以是你的好友，因为好友会关心你，希望你成功。这段对话跟讨论长处类似，是要帮助你厘清想法，学习表达你的意见，不是要寻求意见。讨论的形式也类似，包括：

◎ 口述自己最主要的短处。

◎ 提出 2 到 3 项例证，说明这项短处的影响。

◎ 运用具体数据，说明这项短处对自己的表现有哪些影响。

◎ 用同样方式再说明 2 项短处。

到这段对话结束的时候，应该更有自信，相信自己在未来能够更清楚而简洁地表达自身的感受。

4. 讨论“你可以怎么帮助我”

在跟主管敲定时间讨论之前，先选出干扰自己最严重的短处，然后想出 3 到 4 种方法来减少这项短处的影响。在刚开始讨论的时候就要先提醒主管之前讨论的内容，并且说明自己希望找到有效的办法，花少一点时间在没有效率的工作上，这样才可以空出更多时间，从事自己之前提出的活动，提高生产力。

结束谈话前要先确定3件事：

◎ 说明自己的想法，然后请主管提出意见，看这些想法是不是可行。

◎ 如果一切顺利，应该能够一起想出有效的办法，让自己可以完成更多工作。

◎ 接下来只要协调具体做法、时间表和目标就可以了。

无可否认，上述这4个步骤不是什么复杂的事，但是按照这个范例进行，会有所帮助。你可以学会如何说明自己的短处，又不会显得自己是在发牢骚。运气好的话，甚至会因此想出几个构想，帮助自己避开各种可能出现的障碍，找出最适合自己的路。另外，你还可以学会如何形容自己的长处，又不会让对方听起来像是在自吹自擂。这些技能都是非常值得学习的。

六 掌握自己的状况

要想时时尽情发挥自己的长处，就必须清楚掌握自己的状况。还要培养良好的习惯，每星期都掌握自己的状况。想要持续从事更多能提升效率的活动，避免其他会减损效率的活动，这是唯一的方法。

要想尽可能持续地运用长处，就必须让自己培养5种好做法。

1. 每天如何做

仔细阅读自己的长处记录以及短处记录。要在脑中牢牢记住这些内容，光凭记忆就能够背诵出这些内容。试着更进一步思考，怎么做才能够让自己每天更有效率、更有创意，也更能迅速恢复活力。

2. 每星期如何做

先开个简短的规划会议，检视自己上个星期

的表现如何，然后规划一下如何让下星期的表现尽可能接近自己的理想状况。找出自己要采取的2项具体行动，试着在下个星期利用自己的长处。另外也要指出自己要采取哪2项行动，尽可能减少自己的短处所带来的影响。

3. 每季度如何做

安排时间跟主管进行简短对话，讨论自己的长处。列举出3项具体成就，说明这些成就是因为自己成功善用长处，或是尽可能减少短处而获得的，并且开诚布公地讨论这些成就。这么做等于是在结算自己的长处，就像是公司在每季度结算财务绩效一样。自己在过去的3个月里，一定完成了各种各样的工作，弄清楚并且记住自己的进步，是非常重要的。这么做可以让自己借此判断，下一季度可以在哪些方面作出贡献，贡献程度又会有多少。每3个月进行一次对话，不论是自己或是主管都可以从中获益，所以要养成这个习惯。理想情况是，要让自己的主管期待这每3

个月一次的讨论，不要让主管失望。

4. 每 6 个月如何做

每年应该进行 2 次评估，了解自己职业生涯中发生了哪些变化。拿出一个星期，在这个星期内更新自己的长处和短处记录。仔细思考自己从工作中还可以向主管争取哪些新的经验和任务。要保持好奇，探究自己能够进行哪些试验，以让自己的职业生涯进一步成长。通过每年 2 次的评估，追踪自己可以用什么方法让职业生涯有所成长和进步。

5. 每年如何做

每年 1 次，有系统地评价自己的长处。制订出每年都能够运用的评价指标，这样才可以评价自己到底有没有朝正确的方向发展。把自己这种发展状况当作领先指标，评估自己未来的表现和贡献，注意自己每年的进展，并且持续追踪个人表现。

关键思维

有很多好用的杠杆可以用来协助员工投入工作并且激励表现，例如选才、制定明确的目标、适时赞誉，以及界定团队使命，而最重要的杠杆就是，要每位员工发挥自己的长处。善用这项杠杆，就能获得投入且绩效卓著的团队。如果不能善用这项杠杆，不论用其他任何方式激励团队，都绝对不会让成员全心投入，也绝对无法让团队变成高绩效。

——马克斯·巴金汉

我相信你有与众不同的长处；相信没有人会有跟你一样的长处；相信你在设想要怎么尽可能运用长处的时候，一定会最有效率、最有创意、最专心、最慷慨而且最能迅速恢复活力；而且我也相信，能够做到这一点，不论是顾客、同事、公司还是自己，都一定会获益，大家都会获益。但是追根究底，我相信什么根本不重要，重要的是你要相信。所以，要让明天跟今天不一样，让明天比今天更好，问自己："我的长处是什么，我今天可以怎么贡献自己的长处？"用这个问题作为明天的开场，也作为此后每一天的开场。你原本很清楚自己的长处是什么，也原本很清楚自己心里的想法。所以要信任自己的长处，以自己的长处为傲，并且力挺这些长处。

——马克斯·巴金汉

在年幼的时候，我们都很相信自己的长处，或许当时还说不出自己的长处是什么，甚至还不清楚某些表现就是自己的长处，但是在年幼时，我们都会依循自己的长处。然而就在不知不觉之间，童年时对自己的了解就这么逝去，我们开始依循世界的规则，不再仔细倾听自己内心的声音。我们开始求学、求职，还要面对伴随工作而来的压力，忙着满足顾客、同事和主管的要求。其实我们面对的这些人，他们根本不太在乎我们的长处是什么，只想知道我们能够为他们做什么。不过那又怎么样？面对这个漠然的世界，我们只有两种选择：一个是随波逐流，不管这样的人生究竟能不能让自己发挥长处；另一个是学习让长处跟人生结合，学习好好运用自己的长处。决定权就在自己手上。

——马克斯·巴金汉

逆中求胜 10 条法则

跳开常规，创造职业生涯成就和人生财富

Rules for Renegades

How to Make More Money，Rock
Your Career and Revel in Your Individuality

原著作者简介

克莉丝汀·卡曼佛-林奇（Christine Comaford-Lynch），一位活跃的创业家，成功创办了5家企业，每家企业都为其他企业并购或是公开上市，“强力创投”经营顾问公司创办人兼CEO，历任微软、莲花、Adobe和苹果电脑等高科技企业的运营管理职务，此外还发表过300余篇文章，举行了400余场演说，被《华尔街日报》、《财富》和《福布斯》等媒体奉为业界权威。卡曼佛-林奇仅高中肄业，从未就读大专院校，却在短短几年间通过创投、股票首次公开发行和并购，募得超过2.5亿美元资金，而她个人在创业、经营和投资等方面的报酬率超过700%，并且是白宫的顾问，为美国政府在科技和小型企业策略等领域提供建议。

本文编译：许恬宁

主要内容

主题看板

当自己人生的CEO

我们身边总有一些人，他们的想法与众不同，他们知道现实世界就像是一个幻觉，所以会建构自己的理想国。他们也许没有多高的学历，但有最强的行动力与执行力，来建立自己的名声与实力；他们不怕麻烦，不畏失败，不重复做别人做过的事，不会妄想主导一切，更不愿意找一个榜样来模仿。即使想法截然不同，这些“特异分子”并不固执己见、自以为是，他们重视人脉，懂得善用团队力量来共同实现自己的理想。他们可能自己创业当老板，知道如何募资赚钱，但是他们更明白，要当自己人生的CEO。追求成功之际，他们乐意回馈社会，帮助更多需要帮助的人。你也可以成为这样的“特异分子”，为自己的职业生涯与个人生活创造更多成功与财富。

特异的哲学

莎士比亚说："有人天生伟大，有人因奋斗而伟大，有些人的伟大是别人捧出来的。"企业家没有天生伟大，也不需要别人力捧，而是在逆境中冒险求胜。要逆中求胜，就要懂得应对变化，跟别人不一样。

索尼成功的经营哲学，就是专门做别人不做的事。从早期的电晶体收音机到后来数码时代的DVD、超薄电视，都能展现出索尼与众不同的特异精神。虽然一度因过度强调技术而挫败，索尼发挥彻底反省的挫折复原力，打破公司历史，聘请外国人担任CEO，并且与对手韩国三星展开合作，开发全新的超薄电视面板。此外，索尼放弃了外表华丽的机器人事业，重新专注在影音事业，让业绩又逆势回升。

美国职业棒球奥克兰运动家队，是大联盟中预算最少、菜鸟最多的队伍之一，却能在不被看好的情况下不断赢球。不同于其他球队花费巨资，运动家队逆势操作，展开科学化的调查，找来棒球传统偏见下的牺牲者，让不被看好的球员有机会展现实力，也让小市场的球队能获得最高的投资报酬率。

实践能力

实践能力展现在个人处理某项活动的各个环节，包括确定对象、制定方法、设计程序或路线，以及质疑后续问题、分析总结。要懂得阶段性、循序渐进的道理，在执行过程中必须与他人沟通协调，因此需要沟通和宣传的技巧，并且知道如何组织团队，分工合作。高智商与优秀的学习成绩只是成功的一部分，社会技能也同样重要。

多伦多教育局的一项调查研究显示，在加拿大的华裔学生尽管学业成绩优于其他族裔，但在实践能力方面却落后于其他族裔学生。华裔学生较少参加聚会，不愿意尝试其他领域的事物，缺乏自信心及乐观态度，这也导致他们课堂发言积极性、表达能力、解决问题的能力及领导能力较低。相对而言，比尔·盖茨虽然自哈佛辍学，却成功开创个人事业，不仅是因为他已树立明确的目标，并且也具备足够的能力。盖茨从初高中就开始训练实践能力，14 岁时就和微软的事业搭档保罗·艾伦（Paul Allen）用微处理器完成了一套交通管制系统。盖茨除痴迷电脑外，也懂得做生意的技巧，就读湖滨中学时就创立软件公司，帮科技公司写薪资程序，帮学校写课表程序，买下学校不要的磁带转手赚取差价。进入大学后则专注于各种电脑程序，包括赛马程序和赌博程序。在盖茨决定辍学的那一刻，早已习惯运用实践能力达成他所想要的目标。

处理失败

鼓励研发企业将创新失败看作学习过程，是像成功一样的好事。容忍失败的体贴态度可以促进冒险精神，如此员工才不会害怕提出缺乏数据支持的想法。

实际上，具有创新精神的企业常常庆祝失败。人造纤维产品制造厂商戈尔公司（W. L. Gore & Associates）会以开香槟来结束不成功的项目，举办失败庆祝会，在聚会上提供茶点和饮料，由各位经理讲述自己从失败的项目中获得的经验。该公司创办人戈尔不断鼓励公司所有合伙人去创造和接受风险，但先决条件是，知道船的吃水线在什么地方，只要在吃水线以上犯错，船就不会沉没。

美国蓝天航空公司（Jet Blue Airline）采用更幽默的方式来庆祝失败。蓝天航空是美国航空业中少数快速成长并且赚钱的企业，标榜时尚、低价，并在飞机上提供看电视直播的优质服务。蓝天航空曾在航班上提供过一种小吃，但是这个新点子很快就被放弃，事后不但没有人因此被解雇或惩处，还变成了一项娱乐员工的活动：当初提议者的照片被贴在公司内部网络，同时还举行了一次竞赛，针对项目为何失败提出原因，并选出优胜者。公司改变看待失败项目的角度，不指出错误的地方，反而转换成如何让想法对客户更有益处，让每个新点子都有成功的机会。

5分钟摘要

事业上做个“特异分子”

跟大家做一样的事，实在没有道理。想要追寻愉快的心情和肾上腺素激增的快感，就应该考虑在事业上当个“特异分子”。跳出千篇一律的固定模式，在职业生涯目标上注入更多个人的性格特质和价值观。当个“特异分子”，不论是跨出组织成为创业家，或是留在某家公司里当个内部创业者，都有机会创造财富。

“特异分子”会为职业生涯带进一定程度的热忱和投入，令人肃然起敬。“特异分子”还会打破常规，因为常规只会让人无法缔造成果、取得卓越成就。与此同时，“特异分子”还能享受个中乐趣。如果真心想要脱颖而出，就不要随波逐流，而是要与众不同，采取跟自己内心渴望相呼应的行动，借以达成卓绝的成果。

简言之，要拥抱特异的哲学，激荡自己的职业生涯。就算一事无成，至少人生会比较有乐趣。

逆中求胜10条法则

1. 启发性幻觉——反正凡事都只是幻觉
2. 学历不是重点——实践能力却不可或缺
3. 真正注意问题——这些问题能让顾客掏出钱包
4. 打造实力和声望——不要靠其他人的光环
5. 懂得处理失败——因为会面临许多练习失败的机会
6. 学会建立人脉——这样才有机会建立绝佳的合作关系
7. 自己寻找发展方向——要为自己的人生负起全责
8. 不停获取资金——设法为计划募资
9. 不要凡事通通管——从事自己喜爱的活动
10. 积极回馈社会——内心会更充实

一　启发性幻觉

既然现实只不过是自己在脑海中制造出来的幻觉，那么就该设想个乐观进取的现实，不要怯懦退缩。“特异分子”会为自己，也为公司创造卓越的现实。

爱因斯坦说过：“所谓现实其实是个幻觉，只不过这个幻觉挥之不去。”

正如爱因斯坦一针见血的看法，人生和职业生涯的发展其实取决于自己作的决定，而不是受外部力量的控制。既然如此，真地应该深思熟虑后作出决定，创造愉快和进取的幻觉，让思考尽情驰骋，不要反过来限制思维。

要创造有启发性又深远的幻觉，通常包括3项要素：

（1）自我价值感——自己认为自己是否值得

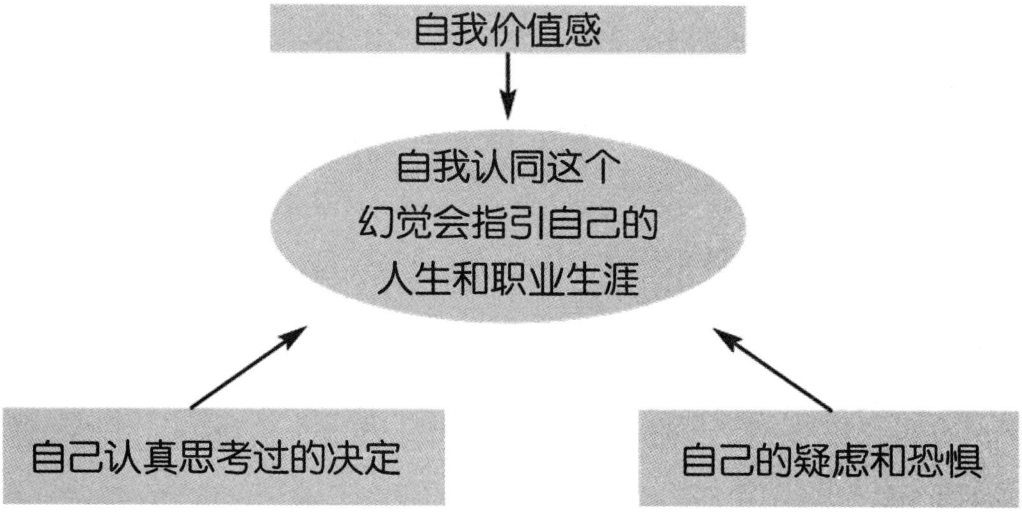

享有现在的成功。如果已经下过苦功夫，培养出必要技能，那么通常就会对自己目前的成就感到满意。如果心底有令自己不安的疑虑，总觉得自己只是虚有其表，其他人终究会发现自己的虚实，那么就很难自在地享受自己的成功。

（2）自己认真思考过的决定——选择自己要追寻的职业生涯方向和商机。每个人都会面临抉择，而选择的过程是痛苦和困难的。为了追求更有价值的事物，会以牺牲某些有价值的事物来换取，这些选择有助于自我认同。

（3）自己的疑虑和恐惧——就好像是脑袋里

住了个人，不时地批评自己。在发展不如预期的时候，这种内在批评总是会立即让人想起自己的短处。如果花太多精力在自我批判上，就可能会因为恐惧和自己无法控制的外在事件，造成困难和阻碍。

幸好，上述 3 项构成自我认同的要素，其实也都是幻觉。如果不喜欢自己现有的幻觉，大可选择其他更合适的。只要改换新的自我价值感、认真思考过的决定以及克服疑虑和恐惧的方法，自我认同自然就会转变得更有益、更有力。

要改变自己的幻觉，强化新的自我认同，最常见且可行的做法是，设定目标并且加以达成。目标不过是工具，能够帮助自己实现梦想。

要设定有效的目标，可以采取下列做法：

（1）在下列领域中，设定 1 到 3 项目标。

◎ 财务/财富。

◎ 职业生涯/事业。

◎ 闲暇/乐趣。

◎ 健康/外表。

◎ 人际关系。

◎ 个人发展/学习。

◎ 社会/公益。

（2）买几张索引卡，在每张卡上写下1项目标——记下自己目前的目标，并且设定达成期限。如果在每个领域设定3项目标，就会累积一叠索引卡，共21张。

（3）每天至少要把目标浏览2次——还要想象自己达成目标的景象。

（4）每天早上，记下当天可以做到哪3件事——能够帮助自己达成首要的目标。

（5）记录突发的奇想——在一天之中，只要脑中蹦出想法，有助于达成其他目标，就要赶紧记下。

（6）运用视觉辅助器材——例如梦想板等，用图示表现自己希望达成什么目标、成为什么样的人，或是获得什么成果。

（7）从行程表中抽出几段时间，全心用在个人发展上——找出有哪些适合参与的研讨会或自我成长活动，符合自己希望达成的目标，这些活动可以让你飞快进步。市面上有许多相当不错的训练课程，不仅能让你进步，还能让你有耳目一新的感觉并且帮助你找到乐趣。

（8）养成观察并倾听各种机会的习惯——找出有助于达成目标的新做法。

关键思维

悲观主义者在机会里看到难关；乐观主义者在每个难关中看到机会。

——丘吉尔，英国前首相

二　学历不是重点

“特异分子”很清楚，商场讲究的是绩效主义，重点在绩效，不在文凭。他们也明白，事业要成功就是要持续缔造卓越绩效，而不是拼凑各个大学的漂亮履历。

接受良好教育，有助于建立技能组合、大幅提升信誉，并且带领自己进入相关领域，但是能够达成多大成就，终归还是要看实际绩效。不过要小心，既要展现企图心，又不能让自己变成讨厌鬼。

要想累积扎实的成功表现，需要靠其他人的帮助，所以不能太坚持己见。有个不错的方法检验自己是不是固执己见，问问自己使用下列 4 个重要句子的频率有多高：

◎“请。”

◎“谢谢。”

◎“对不起。”

◎“我不知道。”

就实际而言，所谓实践能力就是要尽可能加强进步的动力，同时尽量减少阻力。要做到这一点，可以采取下列做法：

（1）为自己的绩效负起100%的责任——不要推诿或抱怨。

（2）让自己看见成功——放置图示，让自己可以时时看见。生动地想象自己高度成功的景象，然后看看自己进步了多少。

（3）建立绝佳支持网络——可以请好友帮助自己培养责任感，也可以找来志同道合的朋友组成智囊团，共同合作。

（4）把所有损友从生命中排除掉——这些人可能会妨碍你，或是告诉你不可能做到。

（5）说话一定要使用积极的言语——每当在内心进行跟目标有关的对话时，就要这么做。把焦点放在自己的长处上，不要过多专注于自己的短处。虽然人生中有些方面是自己不想改进的，但仍要让自己沉浸在积极的能量中。

（6）力行引力法则——也就是所谓的“专心想什么，就会变成什么”。要坚持不懈地把全部心力放在自己的目标上，你很快就会发现，自己正在尽必要的努力，让梦想能够实现。

（7）要坚持不懈——追求目标的过程中一定会遭遇许多挫败，把每项挫败视为“探险式的学习”，并且坚持下去。

（8）密切注意机会——掌握每天出现的各种契机。尽量把心力放在自己的目标上，但是也要不断从周遭环境中搜寻尚未利用的机会等各种重要事物。

（9）持续更正自己的方向——找出自己犯的错误，加以排除，然后继续向前迈进。不要因为过去的所作所为而不断自责，这只会强化阻力。

（10）在过程中庆祝自己的成果——从事有

趣又有激励效果的活动，奖励自己所冒的风险以及付出的努力。庆祝的活动越精彩，就能带给自己越大的动力。

三　真正注意问题

一听到有顾客在诉说自己面对的问题，就要密切注意。“特异分子”很清楚，对新创企业来说，只要能够提出扎实的解决方案，顾客的问题就是能带来财富的宝藏。为了解决让人讨厌的事，顾客一定会掏出钱包。

创业家和商业界的“特异分子”都奉行下列信条：

问题 + 让人讨厌的事 = 获利

如果能够确切诊断出顾客在经营上面临哪些让人讨厌的事，并且提供有效的解决方案，顾客就会掏出钱包来采购。实际上，这包括下列 3 个基本步骤：

（1）密切注意机会——时时关注各种契机。

如果全心关注，应该就会注意到许许多多问题。

（2）不要再觉得自己做不到——自信而大胆地采取行动。只要尽力而为，一定可以做到，再说也可以把自己不擅长的事项全都外包，所以要有信心，自己一定可以缔造成果。

（3）只要一有机会，就放手追寻——不论是否准备周全，都要立即行动。你有可能遭遇挫折，也有可能大获成功，但是都得行动起来，才能看到结果。如果先从小处着手，风险会比较低，这样即使构想失败，也不会有严重的损失。

为了提供自己构思出来的解决方案，很可能需要创立新的事业。同样，创业也不必太过复杂，先想出前 3 个步骤，其他事自然会水到渠成。

要创立新事业，最优先的 3 个步骤，就是找出下列 3 个关键问题的答案：

（1）该如何实际制造产品或服务？

（2）该用什么方法争取先期顾客？

（3）如果要让公司成长，并且进一步发展，必须做到哪些事？

如果计划用自己的资金来创业，那你就非得写事业计划书不可了。毕竟，大多数人都是想到怎么做就怎么做，不会完全按照计划书来。如果要计划吸引外部投资人，就必须撰写严谨的事业计划书。

要使自己有机会脱颖而出，事业计划书就必须考虑到下列3个C：

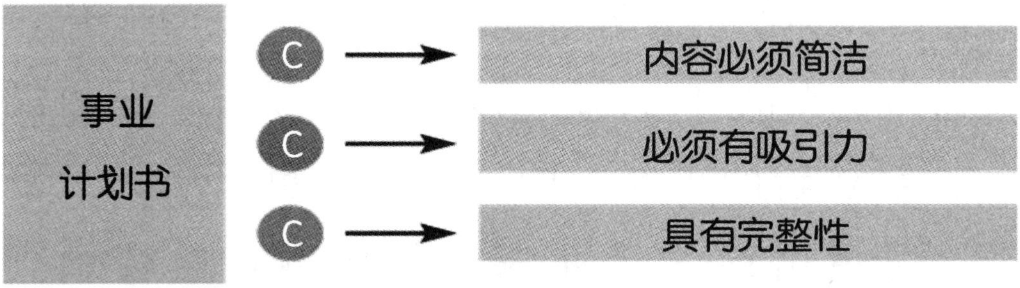

（1）内容简洁——计划书必须简要说明自己的事业为什么称得上是绝佳构想，还要说明会如何执行各项必要工作为顾客提供产品或服务。

（2）有吸引力——必须让阅读计划书的人读完之后觉得，自己在最佳时机推出适合的产品，而且管理团队也具备足以胜任的各项技能和经验。

(3) 具有完整性——简单来说就是，潜在投资人可能抛出的各种问题都要能够一一解决。必须要一项一项过关，才会有潜在投资人愿意认真考虑支持。

要记住的是，所有人在阅读事业计划书的时候，其实都是用下列关键问题来检视的，这些问题是所有潜在投资人都会思考的，包括：

(1) 有没有聘请合适的人才来实行事业计划？

(2) 对于计划要销售的商品，到底有没有能力生产并提供给顾客？

(3) 目标市场够不够大，能不能在符合成本效益的条件下，真正切进这块市场？

(4) 必须提供多少资金？

(5) 目前的竞争对手有哪些，又有哪些潜在竞争对手？

要想让对方阅读自己的事业计划书，篇幅最好控制在 20 页以下。执行摘要占 2 页左右，精要呈现自己的计划书内容。执行摘要必须扎实而确切，因为这要当作募资说明、营销文案或是公司网站内容的基础。

在事业计划书中，要详细说明下列事项：

◎ 要为未来的顾客解决哪些让人讨厌的问题。

◎ 要提供什么解决方案，不论是产品还是服务方面。另外还要详细说明，预计在未来研发和提供哪些后续产品或配件。

◎ 未来 5 年的财务预测数字（前 3 年的财务预测中，要列出每季的预测数字），以及计划如何支应公司发展的资金需求。

◎ 营销和销售策略，包括定价、定位以及促销等。

◎ 团队成员。

◎ 克服可预见障碍的计划。

◎ 要追踪哪几项关键指标，借以掌握新创公司的绩效表现。

在事业计划书中，只用少数必要信息来支持执行摘要里的主张是相当理想的做法。其他补充资料，例如高级主管的履历、媒体报道，以及白皮书等，可以列为附件。要记住，重点是要吸引投资人阅读自己的事业计划书，而不是让他们把计划书搁在桌上。

关键思维

失败赋予我们机会，让我们可以更明智地重新开始。

——亨利·福特，福特汽车创办人

事业计划书不要一成不变，要不断调整。通过撰写计划书来厘清自己的想法，也要愿意加以修正，调整幅度可能很大，有时甚至会完全推倒重来。告诉你一个秘密：每个人在写计划书的时候，都是编造出来的，重点是，每一份计划书都有可以适当做出调整的弹性。

——卡曼佛-林奇

密切注意，机会就在你身边！要学会聆听，了解在事业上遇到讨厌的那些人该说什么。问题＋让人讨厌的事＝获利。

——卡曼佛-林奇

四　打造实力和声望

“特异分子”不会用职称来界定自己，也不会通过和别人比较来界定自己。你反而必须尽全力求进步，每天累积自己的实力。如果让能力发挥到极致，就能建立真正稳固的实力。

初出茅庐的新手，刚开始时会通过职称或自己服务的公司来展现力量。这当然无可厚非，但是如果想要更上一层楼，就必须从自己与生俱来的自我价值感来产生力量，不要靠其他人或公司的光环。

商场上，自己具备多大的自信心，就有多大的力量。如果能够在交易中让对方感受到自己所带来的价值，就具备了实力。挑战在于，要确保自己带来的价值优于其他人提供的价值。要想让自己更有机会培养实力，就要思考下列几个问题：

（1）从你的个人生活和职业生涯中，找出有哪些方面是你有绝对把握能够创造卓越绩效的。当下可以采取哪些做法进一步强化这种把握？

（2）如果遇到挑衅，你会感到慌乱，还是会把挑衅视为机会，从容不迫且有效地实行自己的策略？可以让你营造出什么样的自我形象，在面临激烈争斗时还能保持冷静？

（3）你具备哪些内在资产？在自我毅力、解决问题或是工作效率等方面，又具备哪些技能？该怎么进一步加强这些技能，并且培养出新的技能？

（4）不论你知不知道，在其他人眼中，你就是个品牌。如果有人讨论起你，会想到哪 3 个形容词？你的品牌形象能不能展现出个人特质，如果不能，该改变哪些作为，才能强化品牌形象？

（5）你的个人信念是什么？又奉行哪些信念和价值观？是不是需要更有力、更令人敬佩的个人信念？

（6）你喜不喜欢原本的自己？你对于自己的人格满不满意？如果不满意，描述一下你希望在未来变成什么样的人。冥想、祷告，或是用各种符合个人信念体系的方法来了解自己。要投入必要的时间进行上述活动。

关键思维

我见过许多人借助他人的力量来培养实力。或许我们不懂得怎么培养力量，认为自己无能为力，也可能因为在社会或是职场上遭遇到的某些人或事，使自己无心前进。但是培养实力就是要找出自己的实力所在，还要不断让这些实力成长。我是通过职业生涯来培养实力，有些人是通过养育家庭成员或是在社会上扮演的角色来培养实力。不论是通过什么方式，都要从自己觉得容易的事项入手，然后再把个人的实力扩展到人生中的其他领域。我花了数十年时间才找到人生中的平静和实力。只要我信心一动摇，就会遇上麻烦，因为我会开始寻找外在力量，而不是自己内心的力量。一定要完全从内心寻找力量，这样才能找出真正的自己，这种力量才不会被任何人夺走。

——卡曼佛-林奇

如果不求取自己的实力，并且运用实力创造成果，就无法成就事业或人生。

——卡曼佛-林奇

五　懂得处理失败

“特异分子”明白，要抓住机会，有时候会遭遇重大失败，这原本就是风险报酬关系中的一部分。如果真的想要有所成就，就必须追求胜出，不能只是避免落败。

要采取新的做法，就很可能会遭遇失败。关键在于，要让失败成为助力，不要变成阻力。换句话说，要确认自己每次能够从失败中吸取教训，并且在下次再出现类似状况时能加以避免，这样才不会陷入重蹈覆辙的困境。

要成为成功的“特异分子”或创业家，就得把握住新的机会。必须赌上时间、些许金钱，还有大量的努力。未来发展可能会出状况，无法带来预期的那种实在而具体的绩效，使得最后只获得了经验、知识、人脉，还有其他更好的新想法。其实，如果不再去想预期中的效益，这样的报酬还不算太坏。

要想巧妙运用失败，把失败变成迈向未来成功的垫脚石，可以采取下列做法：

（1）稍微暂停一段时间——用来反省错在哪里，而更重要的是，要用来思考自己学到什么经验。一定要让自己再度行动起来。暂停一小段时间进行反思，对自己既有帮助又有价值。

（2）列出自己的优点清单——在清单上列出自己表现最佳的方面有哪些。征求朋友的意见，每天试着把清单读几遍，让自己的内在能量开始恢复，准备好再次尝试新的事物。

（3）不要把失败放在心上——反而应该明白，短期的挫败能够让自己真正擅长的方面更为完善。吸取教训并且继续前进，迈向更远大的目标。提醒自己，凡事都不过是幻觉，所以要继续向前迈进。

（4）举办受挫庆祝会——邀请朋友一起来庆

祝自己费力取得的教训。对于批评不要在意，并且要乐在其中。让大家知道，自己仍然保有幽默感和一些远见。

（5）给自己加油打气——列出自己最杰出的个人特质，从头到尾看一遍，然后提醒自己，自己仍然能够让环境大不相同，所以还需再接再厉。

（6）改变自己的外表——赢得应有的尊重。让自己的外表更具有专业形象，其他人自然会有善意的回应。

（7）再次想象自己希望在人生中达成的目标——这样引力法则才可以发挥效用。一再提醒自己，比赛还没结束，丰硕的成果就在不远处，等着自己去争取。

（8）重新把自己的目光放回到人生中希望达成的目标上——不论结果如何，都要负起 100% 的责任。提醒自己，自己不是受制于不可抗力的境地，反而是位居主导地位。之前只是走到岔路，发现是条死路，不过现在又走回到高速公路上了。

（9）帮助其他人——志愿帮助那些问题比自己严重的人。

六　学会建立人脉

“特异分子”非常喜欢建立人脉，因为这是创建人际关系的理想方法。毕竟，人际关系才能让职业生涯和人生既充满乐趣又有价值。找到志同道合的合作对象，然后想出具体办法来作出贡献。

企业界常常谈论要创造“综合效益”，也就是说集众人之力，成果会大于各自努力。建立人脉跟“综合效益”的本质相当类似。这有一个公式：

人生 = 自己遇到的对象 + 大家共同创造的成果

跟一般人的认知相反，要能有效建立人脉，关键不在于一心想着自己应该从人脉关系中获得什么利益，反而应该把心力用来跟其他人接触，并且思考自己应该怎么帮助对方达成目标。只要投入时间和精力进行上述事项，就能够在人际网络中建立起人情。你要相信，在未来某个时间点，这个世界会善意回报自己的投资。

如果能认识到世界有个完美的会计制度，就会开始看见自己带给其他人的帮助，这与符合自己需求的事情之间，有着些许的关联。举例来说，你可能会发现，如果朋友新创立的公司经营得很辛苦，你帮助朋友渡过了经营的难关，结果因此接触到天使投资人，这些投资人日后会帮助你在下一个明星产品的基础之上有所收获。如果你建立人脉是为了帮助他人，而不是总想着在每笔交易中得到好处，这种巧合时时都会发生。

要善于建立人脉，可以采取下列做法：

（1）把自己跟其他人看成平等关系——不要因为其他人比较有名，自己默默无闻，就认为这些人比自己优秀。

（2）积累契机——养成习惯和自己碰到的对象交谈，例如在排队或是在搭飞机的时候。努力从自己遇到的每个对象身上找到值得敬重的特质。

（3）不时联系——和自己通讯录上的人联络感情。打电话给他们，了解他们的近况。

（4）每天寄出感谢的信笺——寄给过去的同事，或是未来希望共事的对象。

（5）每天挑选一位老师——思考自己从他们身上学到了什么。要把这些经验鲜活地记在脑海中，不要塞到记忆库里存档。

（6）加入服务社团——要学习建立人脉的基本技巧，这是绝佳的方法，而且还可以做些有价值的事情。

（7）找出几位导师——每个月订几次午餐会，分享彼此的想法。

（8）组织自己的智囊团——找出自己未来希望共事的对象成员。

（9）参加宴会、集会和社团聚会——借此找出自己可以为哪些对象提供具体帮助。选出跟自己契合的对象，了解他们从事什么行业，以及未来希望有什么发展，然后帮助对方达成目标。只要这么做，接下来就会获得美好的成果。

七　自己寻找发展方向

“特异分子”不会想着找个宗师来追随，反而会自己找出发展方向。想要达成卓越成就，就要习惯当自己人生的 CEO，合理疏导负面情绪，并且为一切状况担负起所有责任。

想要到达理想境地，或是达成重大成果，你就必须扮演自己人生的领导者，想要实现上述目标，这是不二法门。你必须为自己从事的事务注入目的感和方向感。

要成就自己的职业生涯和人生，可以运用下列这个关系图：

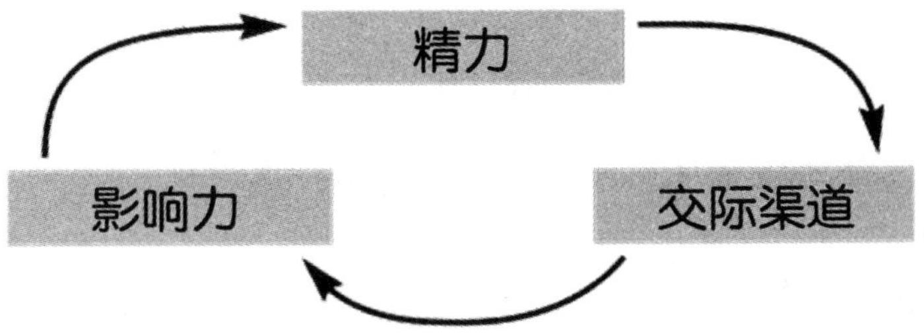

如果投注精力建立人际关系，就能累积人情或私交。这些交情能够让你掌握更多交际渠道，与他人共同分享时间、资讯和人脉。渠道增多，就能够大幅提升自己的影响力，得以改变情势和结果，而影响力能够帮自己达成目标。领导者非常清楚精力、人情、交际渠道和影响力之间的关系，并且会运用这个关系图，驱使自己达成希望的结果。

那么，成为自己人生的CEO，到底是什么意思？这其实可能有各种解释，不过事实上来说，优秀的CEO会做到下列几件事：

（1）务实——优秀CEO会了解到，绩效和体谅的领导方式是能够并存的。要成为卓越领导者，耳根子不必太软，但是也不能独断专行，必须求取适当的平衡，一方面提升绩效，一方面又要让部属有自己的空间。

（2）清楚了解，真正的领导者一定能让部属享有更高荣耀——而不是自我膨胀。要成为领导者，就要找到可行方法使团队获得更高的荣耀。真正卓越的 CEO 会协助部属建立自尊，而不会打击部属的自尊。

（3）善于掌握时机——优秀 CEO 会了解到，没有什么事情是一蹴而就的。鉴于此，领导者必须懂得调整自己对部属的期待，这样才能让部属有空间在各自的角色上成长。如果不保持耐心，就可能采取不恰当的行动，将来造成严重的问题。

（4）尽可能利用现有资讯，作出最恰当的决策——并且持续进行必要调整。只要发现部属把精力放在次要问题上，就愿意缓缓地把部属导回正轨。要想到自己一定会有决策不当和犯错的时候，所以当其他人同样犯错时，也要放他们一马。

（5）促进合作——优秀 CEO 会把每个人都视为可能的合作伙伴。也就是说，即使有些人会给自己带来一时的麻烦，搞不好隔天就可能变成自己最好的盟友，所以绝对不可以太快放弃他们。合作可能发生在组织外部，也有可能是在组织内部，所以必须摒弃敌我之分和对立心态。要让大家很自在地与自己共事，这样自己才会在不知不觉间被一大群积极的人驱动着向前迈进。

（6）找到导师和“共鸣板”——并且确实倾听对方的意见。如果真心希望自己能领先其他人，就要深入研究其他成功领导者的做法。这样能让自己清楚了解到，寻求有用建议并且加以应用能够带来多大的益处。接触业界的重量级人士，并且构思新的想法，这样就可以带来有意义的结果。

（7）招募才智优于自己的人才——并且努力保护自己的团队。想要创造卓越成果，就必须找到有远见的人、高级经理人、执行者和基层的人，并且要留住这些人才。这几种人才对于未来发展都很重要，所以要慎选团队成员，还要力挺他们。寻找的人才要符合下列条件：

◎ 在各个专业领域里属于顶尖人物。

◎ 善于完成规定的工作。

◎ 因为自己过去建立的人情而愿意全心投入。

◎ 能够和其他团队成员紧密合作。

(8) 具备极佳的人际技巧——优秀CEO会了解到，部属偶尔会因个人问题而影响到他们的表现。这会发生在我们每个人身上，要尽力协助部属渡过难关。

(9) 注重长期发展——优秀CEO不会因为任何理由而牺牲个人利益。一定要让自己能够享有优厚待遇，并且获得应有的尊重。另外还要让私生活跟自己的专业成就完全分开来。

(10) 客观接受批评——非常懂得面对批评。如果时时都努力做到为所当为，那么长期来看，批评就算不上什么了。积极面对批评，一定要让自己面对镜子的时候，喜欢镜中的自己。

没有人能替你掌管人生，所以要学会成为自

己人生和职业生涯的CEO。

关键思维

人生绝对不只是要拥有一切物质享受。

——莫里斯·桑达克

美国童书插画家

八 不停获取资金

对“特异分子”来说，担任CEO的意思就是要成为公司的赚钱机器。应该时时深思，该怎么找到必要的现金和资源，让目标能够实现，这正是成败的关键。

募资的规律是，要未雨绸缪先取得必要的现金，一定比十万火急时要来得容易。有鉴于此，必须根据下列4个关键问题，规划出自己的一套策略来获取资金，而其中每个问题又分别包含2个基本规则。这4个问题分别是：

1. 实际上需要多少资金

规则1：要取得比自己预想还要多的资金。

规则2：只有在取得成本低的时候才这么做。

靠借贷取得现金的代价不高，让出股权的代价却很大。设法通过分批的方式取得资金，这样在公司发展并逐步实现目标的过程中，才可以付出较少股权。募资的额度除了自己预计需要的金额之外，还一定要加上额外资金，要足以支付6～9个月的运营成本，这样才有些许喘息的空间。

2. 什么时候会需要更多资金

规则1：在出现需求之前就要充分募得资金。

规则2：需要更多资金的时间点，一定比预料中来得早。

寻找资金的过程，花的时间一定会多过预期，所以只要能够展现公司有所进展，就要尽早开始募资。资金可能需要3～12个月的时间才能到位，所以要尽快行动。

3. 该向哪些对象募资

规则1：必须是自己尊重的对象，才接受他们的资金。

规则2：投入时间思考，自己到底喜不喜欢这些投资人。

不论是谁提供融资，自己都要跟对方同甘共苦，所以一定要选择愿意长期参与的对象。绝对不要说出自己还向哪些对象募资，以免某一方联络另一方，扰乱了自己的协商过程。

4. 愿意在什么样的条件下妥协

规则1：不要想着占便宜。

规则2：也不要吃亏。

释出越多股权或是举债越高，对公司的主导权就越低。在取舍时要谨慎，如果对方出的价格比较低，却可以借此引进更有力、更积极的投资人，就要乐于接受。

只要认真考虑上述问题，并且根据自己取得资金的策略作出判断，接下来就是列出自己要锁定哪些放款机构，并且和这些对象进行接触。每个放款机构都会有不同的放款标准，必须配合各家的条件。理想上，最好能争取到由龙头放款机构进行必要的财务查核，让其他放款单位放心跟进参与。

在大多数情况下，最主要的募资利器会是事业计划书里的执行摘要。广泛分发执行摘要，如果有潜在投资人感兴趣，想要当面洽谈，可以再提供事业计划书。这样一来，就不会引起不必要的竞争。大多数放款机构都被事业计划书给淹没了，所以真正重要的不见得是事业计划书的内容，而是面对面的会谈。

当然，从外部取得资金，只不过做到了一半，还应该找出有哪些方法可以从公司中募得成长所需的资金。要从公司内部募资，可以运用下列 3 个 C：

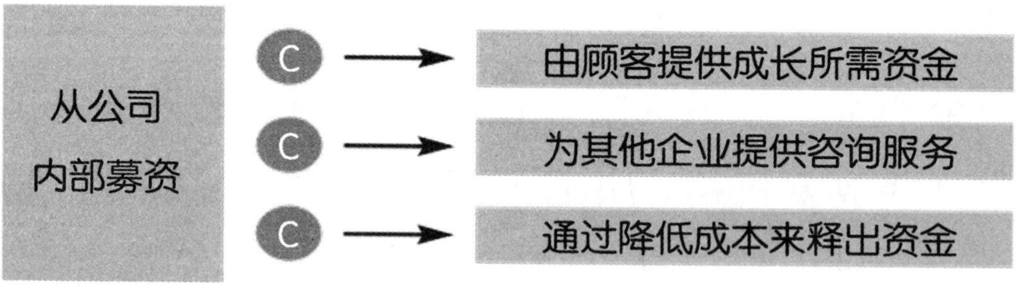

（1）由顾客提供成长所需资金——也就是要想出有创意的新方法来提高销售，并且把这部分

营收灌注到公司的运营预算中。举例来说，可以接触某位顾客，请对方提供资金进行产品的研发项目，对方可以获得一段时间内的产品专卖权。

（2）为其他企业提供咨询服务——借此筹募资金投入运营或研发项目。如果在其他产业中有企业面临跟自己类似的挑战，提供这方面的技术给这些企业，或许就可以为公司募得资金。

（3）想出有创意的新方法来降低成本——使公司尽可能不需要运营资金的挹注。或许可以把客服等支持部门的工作外包出去，或者考虑采用外聘业务人员，只要支付佣金即可，借此节省成本。

如果发现上述内部募资渠道已经用尽，又不愿意靠释出股权来引进投资人，可以考虑下列募资渠道：

（1）银行或小型企业经营贷款——这是不错的选择，因为这只是借贷，不过要取得贷款并不容易。

（2）政府补助——这也是不错的办法，只不过手续可能会繁琐一些。

（3）个人借贷——通常最容易取得资金，不过往往会负担高额利率，增加个人信用风险。

（4）设备抵押贷款——这相当危险，因为设备贬值的速度一定会快过偿债的速度。

（5）创投业者——还算是可行的办法，只不过如果公司发展不如对方的意，这些股东就会不断想办法炒你鱿鱼。

（6）天使投资人——常常喜欢亲自参与经营，这可能是好事也可能是坏事。

重点在于，必须不断思考各种可能的资金来源。迟早会动用到这些来源，所以要时时做好多方面的准备。

九　不要凡事通通管

如果什么事都放不下，最后只会落得筋疲力尽。“特异分子”很了解这一点，他们会刻意放慢自己的脚步，偷得浮生半日闲。你应该经常仿效他们。

有很多事其实你根本影响不了，要让自己不再自寻烦恼去管这些事，最好的办法就是，每半年左右就暂时停下脚步，去评估一下自己的状况。离开目前进行中的事项，去一个可以让自己静下心思考的地方，然后问自己下列几个问题：

1. 职业生涯发展得好不好

如果发展得不错，应该会尽力尝试各种新方向，并且会有满脑子的构想，希望自己职业生涯上能更上一层楼。

2. 私人生活过得好不好

如果过得不错，应该时时都会建立自己新的

人际关系。

（1）有没有注意到，自己才是唯一真正必须解决的问题，也是解决一切问题的钥匙。

（2）能不能真正接受其他人的本质，还是时时想要改变对方？

如果不能接受，那么在人际关系上将会碰到问题。

3. 耐性够不够

要认识到，真正的改变是需要时间的，因此必须要耐得住性子。

4. 是不是正朝目标迈进

必须在下列7个方面都有进步，才算是朝目标更近一步，包括：财务和财富、职业生涯、闲暇或乐趣、健康和外表、人际关系、个人发展、社会和公益。

5. 人生各个重要方面，是不是都兼顾到了

要均衡分配工作和私人生活，并且在两者之间取得平衡。

运气好的话，这场每半年一次的自我检视，应该能够让你把心力重新放在真正重要的事项上，并且不再为自己无力影响的状况而烦恼。如果什么事情都放不下，你就会筋疲力尽。调整自己的步调，让自己的努力可以细水长流，而不是昙花一现。

关键思维

如果不改变现状，未来跟过去就会大同小异。所以要检视自己的四周，看看有哪些地方有待改进，或是有哪些事情是让人讨厌的（会让潜在顾客愿意花钱解决），或是有哪些方面自己处理起来会比现行的做法更恰当。这些状况可能是在自己的工作环境中，也可能是在私人生活中。找出自己可以改变的地方，不论改变是剧烈还是渐进的都可以。只要养成这种习惯，你会发现这实在太有趣了。

——卡曼佛-林奇

有钱比没钱好，不过这只是纯粹就财务而言。

——伍迪·艾伦，美国电影名人

十　积极回馈社会

“特异分子”会积极回馈社会，如果希望成就卓越，就要找到具体方法来为社会作出贡献，世界一定会给予善意的回报。所以不要吝惜自己的时间和资源，回馈社会，你会感到更加幸福。

积极回馈的最大益处在于，这样能够加强自己的内在力量，在面临排山倒海而来的状况时，也会有力量继续坚持下去。只要清楚，不论发生什么状况，自己都会对自己感到满意，这样就可以奠定稳固的基础，在这个基础上建立充实的职业生涯和个人生活。

简单来说，投身于公益事业是非常有价值的，这样不仅为自己的人生带来良善，还能够积功德、有善报。如果生活与工作中都能够奉行同一套信条，也会带来极大的力量，不要在私人生活上信奉一套，在职业生涯上又信奉另外一套。

要回馈社会，可以采取下列做法：

（1）下定决心每星期花 1 小时担任志愿者，为符合自己价值观的公益团体服务。如果一时找不到机会，可以上网搜寻有哪些目标值得自己投入时间和心力。有数不清的目标可以投入，例如人权、受虐儿、流浪者、妇女庇护、膳食供应或是艾滋病防治等，不胜枚举。

（2）如果因为某些原因，某星期无法亲自花 1 小时担任志愿者，就捐献自己 1 小时的薪水。

（3）在行程表中，安排进行公众服务的时间，就像处理重要的业务会议一样。抽出这段时间，否则就会被其他事务干扰，就永远不会真正去做了。

（4）不要只是投入时间，也要看自己还能做些什么以进一步推进自己的目标。或许可以贡献自己的专业技能，或是定期让公益团体使用自己的办公室。仔细想想，找出有哪些办法可以真正带来改变。

（5）跟自己的朋友讨论，请他们共襄盛举。可以的话，制订一套计划，只要公司员工的捐献总额在一定数额之内，公司就捐出同样的金额。这样不只对大家都有益处，而且还可以大大提升士气。

关键思维

我花了一段时间才了解这个道理，虽然是简单的一句话：我相信因果。这也是我的个人哲学。不论做什么，也不论想什么，最后都会有果报，可能是善报，也可能是恶报。万一犯错，可以即刻加以改正，也可以等到一切很难收拾时再处理。所以，最好还是即刻处理。我认为，因为世界运转的脚步越来越快，我们会见到很多“现世报”。如果为恶，报应在自己身上的速度会比以前还快。只要我们遵照因果报应这个简单的道理（容易理解，却不一定容易做到），我们就会更幸福，也会更平静。

——卡曼佛-林奇

延伸阅读

有效沟通的方法

文/罗品喆

不管你喜不喜欢，“感冒用××，咳嗽用××，酸痛疲劳用××。”这则药品广告，一定把“××有3种”的信息深深刻在你脑子里。这是一种沟通方式。

丹麦名导拉斯·冯·提尔（Lars von Trier）在新作《老板，我最大》中，不用摄影师，把人的戏排好、架好摄影机，让电脑随机取景和构图，呈现类似实境的氛围。这是另一种沟通方式。

时代不同，成长经验不同，环境复杂程度也不同。影片规格从8厘米、16厘米底片，发展到Batacam、DV；以前处理影像讲究正规军作战，在每天被大量资讯淘洗的不寻常环境中，喜欢的则是野战的突袭战术。各阶层要面对、处理的议题都不一样，只能用各种特别的方式沟通。但是，沟通内容对应的终究还是“人”，是每个人内在共同的东西。

营造沟通空间

想要有效沟通，内容就要有空间。就以广告来说，广告最主要的目的是告知，但是如果内容只是告知，就不会深刻。最早的广告，应该是汉朝的“露布”，也就是“告示”、“公告”，只能传达信息，没有想象空间。文字创作因为有想象空间，也就是所谓“意在言外”，而这个“意”就是诗意，这是影像无法超越的。有太多事影像做不到，人的视觉接收到什么就算什么，而文字就不同了。我喜欢写诗，因此在影像上也会努力锻炼自己的表达，看影像可不可以有诗意，例如运用“空镜”这种技巧，就是希望内容有松紧的节奏变化，让观众有呼吸、整理的空间。

有效沟通，还要另外一种空间，就是沟通双方的拉锯空间。处理广告客户委托拍片的有趣之处，就在于自己与客户之间的张力，而不是一致性。彼此要能产生很漂亮的张力，然后让这股张力产生出新的牵引力量，内容才能吸引人，沟通双方也才有力量前进。

除了空间，还要思考沟通的时空差距。广告朝生夕死，无法沟通永恒，容易令人厌倦，而技法也有同样问题，某种技法现在给人“新”的感觉，很快就可能会有“旧”的问题。例如电影《裸体午餐》，在20世纪90年代看来相当迷幻，现在则没有那么大的冲击。

在建构内容的过程中，不要低估你的沟通对象，以我来说，就是听众或读者。不同读者会有不同阅读策略，读者不一定要接受过训练才可以看见你想沟通的内容。例如李白的浪漫飘逸和白居易的社会写实，各有各的空间，读者自己会去和内容对话。建构的内容要让人一眼看不完，如果一眼就看完，就没有内容可言了。简单说就是，要考虑怎么让对象参与到内容里面去，这样对象才可以好好思考、反刍，进而对话，产生共鸣。

认清沟通角色

有效沟通还要认清，自己是内容和对象间的中介角色。再以广告为例，导演必须比所有人更懂沟通，因为别人不见得有导演的素养，导演就像是个“信息管理者”，一方面统合技术与内容背后的文化，一方面把广告客户的要求转化成技术人员听得懂的语言。在执行过程中，每个环节都要修正、创新，如果不能理解沟通背后真正要的是什么，自己就非常容易被拉走，执行成果就发生偏差了。

导演、客户和创意人员之间应该是互相补位的过程，只是我经常看到，在补位的过程中他们常常误解了自己的角色，导演想客户的事，创意想当导演，客户又想当创意，而且每个位置又抓紧了自己的意见不放，这只是反映出大家的歇斯底里而已，对于沟通成果没有帮助。

举个不错的例子，之前为董氏基金会拍摄“倾听就是一种陪伴”的忧郁症公益广告，请来的主角是周杰伦。我在表现方式上想向费里尼（Federico Fellini）致敬，刻意运用技术把粒子调粗。董氏基金会也放手让我们发挥，让我们用新的技术表现出古典氛围。至于周杰伦，他只要散发巨星魅力，走过来走过去，接接电话，安静一会儿，就完成了拍摄。值得称许的是，周杰伦知道要给观众什么，也会用欣赏的角度看我们要做什么。因此，大家认清自己的角色，让我们可以进到更大的格局来操作流行事物，使古典元素变得更新。

显现沟通内容

处理沟通内容，就好像在帮内容做形象管理，从内容的特质中选定适合的要素来呈现。我们常和知名艺人合作，艺人对自己表现的形象一定会有期待，我们的工作就是，要如何处理艺人自己的期待，如何为观众找出艺人的另一面形象，不断修正艺人与观众的关键认知，让大家都可以通过拍片成果达到另一个点。在爱盲协会“白手杖行动”的广告中，我们把小天王任贤齐的光环剥掉，让他穿个背心打篮球，呈现出邻家大哥哥的形象，把内容还原到真心的关怀。

另外一次拍钻石厂商的广告，我们分别请到3位企业界名人，但是并不是每位名人都能达到预期的沟通效果。之间的差别就在于，这些名人的形象是不是就是我们想表现出来的那种。广告就像放大镜，一切信息都很集中而明显，广告的重点不是要来骗人，而是经过包装后“有限度的诚实”。观众很敏感，他们一定能够察觉内容是否真诚。建构内容时，事前要做功课，了解自己想要传达什么意向，而内容本身也真的要有这种气质，这样沟通对象才会有共鸣。

掌握沟通架构

目前带着年轻人做短片，我负责处理架构，内容由他们处理，这样可以让更多人有机会创造内容，并且学会把各种没想过的创意沟通出去。我们最近拍摄一部片叫《起床前的 5 分钟》，讲的就是真正醒来之前，现实与梦境的混淆。在赖床时听到门铃声，这到底是真有人按门铃，还是自己在做梦？像这种主题，就是年轻人的创意。另外有部片《绑架罗密欧》，你知道绑匪是谁？是孙悟空！因为孙悟空不懂爱，绑架了罗密欧才懂得什么是爱。像这样结合东方与西方的元素，也是另一种精彩。

刚起步投入这行的人往往专注于内容，找不到结构，就好像只看到皮，没看到骨，可是皮跟肉的动作，却是受到骨的支配。所以要先由创作者想出核心内容，再分享沟通中要顾及的方面。因为长期有广告作业的训练，我会教导他们，要建立工作流程，要面对完成期限，同样也要让这些新的沟通者了解，该如何安排时间，该找什么样的编剧，从商业角度来看，又该找什么演员，因为这不单是艺术创作，也是在沟通，从技法到构成上，让创作变为成果。能够做到，创作才容易进到商业流程。

《绑架罗密欧》的创作者，具备做 Icon、2D、3D 和 Flash 的熟练技术，要思考的是沟通方式，如何把娃娃故事化？因为可爱的娃娃有了故事，就会有“粉丝”。接下来要思考的是，该用什么方式表现？用水墨，的确符合东方情调。不过如果设计成公仔造型，有故事性的公仔可以产生群聚效应，也就可以把 2D、3D 的图像，实际制作成公仔销售，更可能找到便利商店当赞助者，甚至有可能变另一部《无间道》，销售到国外，沟通到更多人。

在目前快速发展的环境下，沟通既要有效率，又不要影响品质。以董氏基金会的“倾听篇”来说，社会福利团体预算本来就无法充裕，而主角周杰伦的行程又很紧凑，结果包括化妆、接受采访等在内，只花了 3 个多小时就拍完了。这就是因为合作的团队都很成熟，事前又做好充分准备，找试灯光效果的“光替”、分镜、打光、排练，都到位，主角来了只需要做自己就好。尽管资源有限，但是30秒的广告中，“专心地听”这件事做到了。

作者简介

罗品喆，广告、MV、短片导演兼电影专栏作家，影像与文字创作兼备，历任广告公司撰文、创意及资深创意主管，曾获多项广告奖项。代表作包括统一AB优酪乳主题广告，以及董氏基金会“倾听就是一种陪伴”公益广告等。目前除拍摄广告外也开始电影筹备工作，辅导后起之秀创作短片。

答　案

心想事成的秘密

The Answer

Grow Any Business，Achieve Financial Freedom，and Live AnExtraordinary Life

原著作者简介

约翰·亚萨拉夫(John Assaraf)，作家、演说家及创业家，热衷于研究人类脑部及量子物理，OneCoach 公司共同创办人。OneCoach 公司是提供小型企业成长相关服务的加盟业者。在过去 20 年里建立了 4 家营业额达数百万美元的企业。著有《拥有一切》一书。

墨瑞·史密斯(Murray Smith)，OneCoach 公司共同创办人，已经成功创办超过 12 家公司。除了推出新创事业之外，史密斯和一群买家合伙，买下美国重型摩托品牌“印第安摩托”，并使这家公司成功再生。

本文编译：黄玩

主要内容

关键词解读

吸引力法则

吸引力法则是指人类的思想具有磁性，并且有着某种频率，吸引所有相同频率的同类事物。倘若聚焦在不好的事物上，便会感受到负面情绪，散发出的即是负面频率，吸引力法则就会回应更多负面的事物。反之，当我们想着好的事物，散发出正面频率，就会吸引更多好的事物。

吸引力法则自古以来便已存在，并且为许多成功人士所用。朗达·拜恩（Rhonda Byrne）编著的《秘密》、麦可·罗西尔（Michael J. Losier）的《吸引力法则》，都说明每个人可以通过吸引力法则去创造自己想要的东西。史蒂芬·柯维（Stephen Covey）的《高效能人士的7个习惯》一书中也有类似的概念。7个习惯中的

“以终为始”就是想清楚了目标，然后努力去实现。美国电视主持人奥普拉（Oprah Winfrey），就是心想事成的标准教案。出身美国南方贫苦家庭的奥普拉，在看过一本获得普利策奖的小说《紫色姊妹花》后受到启发。书中描述一位勇敢的黑人女性，反抗丈夫欺凌，最终赢得美好人生。奥普拉开始想象着，自己也能像书中人物一样，打破先天的障碍、美梦成真。奥普拉的想法有着十分具体的画面，并且持续不断。因为不停地想，所以吸引力法则在她身上启动。隔年，她参加《紫色姊妹花》试镜并得到了参与演出的机会。吸引力法则在奥普拉身上迅速发酵，她不但因该部电影被提名奥斯卡最佳女配角，所主持的“奥普拉秀”也开始在全美联播。从 2004 年开始，她更连续 4 年被美国《时代》杂志选为全球最有影响力的人物之一。

触发点

触发点是指理解消费者的深层心理，挑动他们的购买欲望。抓住顾客深层心理是一种随着社会变动，从生活形态衍生出来的服务需求。现代服务业的成功，不只是站在顾客表面行为的角度来观察和思考，更在于应用触发点，抓住顾客的深层心理，经常给予意外惊喜和贴心的感觉，进而培养顾客死心塌地的忠诚度。

优质的服务业会不停地追逐消费者，追踪他们是怎么生活的，然后拿放大镜看社会的共同深层心理，把这些生活形态注入所提供的服务中，让每个客人一进店里，就感觉仿佛回到第二个家。像英国维珍航空，就深刻洞见旅行者的深层心理需求。绝大部分的旅行者，在返程飞机上就已用尽所有能量，于是维珍航空不会打扰乘客，还特别在返回伦敦途中的一栋高楼楼顶挂着“欢迎回家”的标语，让所有乘客感觉终于又回到安全的地方。诚品书店第一线的服务人员不会影响顾客浏览或阅读，但当顾客转身想找人询问时，服务人员又能即刻迎上来。为了让顾客对购买的商品更加了解，即使是封袋保护的进口杂志或CD，也能试阅和试听。诚品书店无疑是善于掌握知识分子内心触发点的服务业者。

5分钟摘要

梦想可以实现

人脑是宇宙中最强大、最复杂的机器。光是渴望达成某种成就，绝对是不够的，你可以尽情渴望，却不会达成任何成果。然而如果将渴望深深刻印在脑部的能量中心，使它成为一组新的指示，你就能将渴望转换为思考习惯，亦即一种信念，而且一旦你这么做，世界上就没有什么力量能阻止你达成目标。如果你已经选择要用宝贵的人生追求事业上的成就，那就不要让自己只安于“不错”的结果，要让事业完美展现出你的价值观和目标，也就是完美地表现自己。把你的事业当成自己的梦想，然后尽力实现梦想。全心投入，去追求卓越。

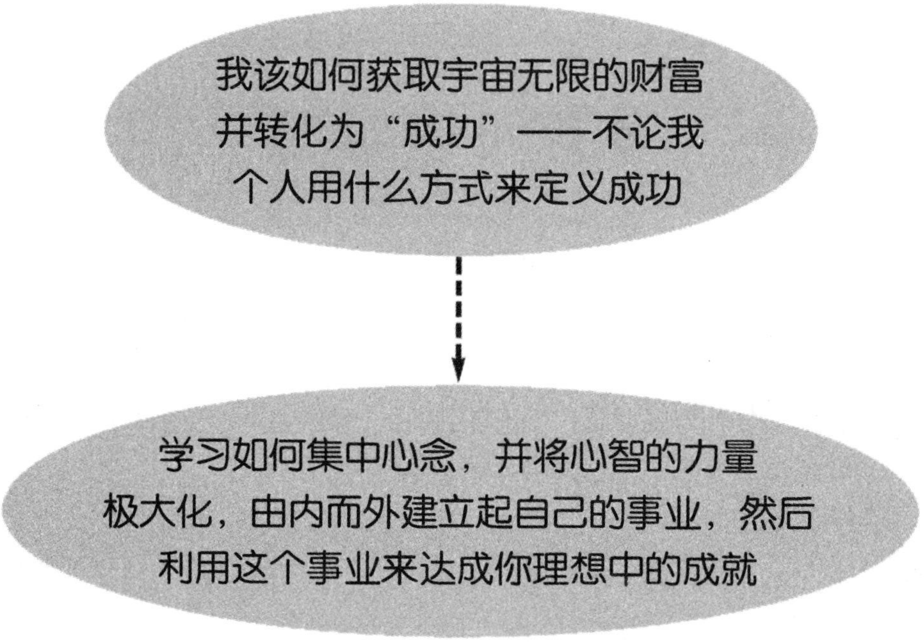
我该如何获取宇宙无限的财富
并转化为“成功”——不论我
个人用什么方式来定义成功
学习如何集中心念，并将心智的力量
极大化，由内而外建立起自己的事业，然后
利用这个事业来达成你理想中的成就

一　了解自己的想法

思想非常重要，因为所有事物终究都是从一个构想开始的，如果你养成正面思考的习惯，你的想法很快就会吸引某种能量，带给你实现想法的要素。要密切注意自己选择思考的内容。

物质世界一向准确无误地依照定律运作，亦即行动和结果。有时候我们可能并不了解世界所依循的定律，并假设事情是随机发生的；然而实际情况是，一定有明确的定律在发生作用。这会令人非常安心，因为如果不是这样，譬如重力或化学作用时有时无的话，就会产生混乱。

人类思考的通常都是可见的物质世界，然而还存在着一个更大且不可见的世界，这个世界是由能量组成的，即细胞、分子、原子、质子及中子等，这些都是某种形式的能量。在这个平行的世界中，所有事物在具有物质形式之前，都是从一个构想开始。这可以让我们清楚看出该如何营造成功的人生，我们先在自己的心目中形成一个成功人生的构想，然后努力让这个构想成形。

当我们产生一个构想，它会与宇宙中其他形式的能量产生共鸣。只要让我们所想象的细节变得更清晰、更鲜活，就能够和宇宙产生更多的联系。结果会让我们心中的想法更有机会在物质世界出现并成形。思想创造万物，是世界上所有事物产生的起始点，你的想法确实能够创造出现实，而你最后会在人生和职业生涯的各个方面体验到这些现实。

关键思维

思想是宇宙中最强大的力量，我们的思想会主导我们在人生中所呈现出和创造出的事物。构想总是先于现实。

——亚萨拉夫　史密斯

人脑显然是宇宙中最强大且最复杂的机器，请思考目前关于人脑的一些已知事实：

（1）每个人的脑中都有一个网络，由10多万公里的血管和超过1000亿个神经元所组成。

（2）研究发现，人脑每秒可以执行约10千兆次的运作。要了解这个数字的真正意义，可以想象结合全世界所有电话系统的涵盖范围和复杂性，人脑的每一个脑细胞都拥有如此庞大的运算能力。

（3）你活着的每一秒，你的脑部都会督导大约1000万个脑细胞的生成和配置，并将约1亿个以上的细胞给淘汰掉。

（4）如果要记下脑部可能进行的神经联系次数，光是把全部的0写完就会花上你大约75年的时间。

（5）人脑重量大约是你体重的1％到2％，然而它消耗了你所吸入空气的20％、你全部血液的25％、你所喝下水的30％，以及你所吸收营养的 40％。

（6）脑部是由多个皮质层组成的，每一层都可以回溯到人类演化的不同时期，每一层也都分别掌管特定的功能。

虽然这些事实相当惊人而且有趣，不过其实真正需要认识的是人脑的 2 个基本区域：

（1）意识脑是你用来评估选择、作决定和思考事物的区域。以下事项都是在这个区域形成和展现的：

◎ 意志——我们自主的决定，去进行不同的尝试或实现某些想法。

◎ 记忆——能够让我们得以回想起各种短期和长期的信息片段。

◎ 认知——我们诠释所见事物以及所有体验的方式。

◎ 推理——我们检验事实并达成结论的能力，反之亦然。

◎ 直觉——快速观察情势，并且在没有搜集资料的状况下做出推论的能力。

◎ 想象力——在心智中创造出画面的能力。

（2）潜意识脑体积大许多，它就像仆人一般，意思是说它并不会自己设定目标，而是自动运作去实现被交付的目标。潜意识脑从来不会去评价被交付的目标，只会努力实现灌输到脑中的信念。

当我们运用潜意识脑的时候，我们是靠习惯在行动，并非分分秒秒在决定该做什么。有研究指出，我们的行为至少有96％到98％是自动的，而且是由潜意识来控制的。

上述这项关键结论认为，96％到98％的行为是自动并由习惯所控制的，这点非常值得注意。这些行为是由潜意识脑所驱动，正好说明了为何有很多人设下目标却无法完成。设定目标是属于意识脑的功能，然而完成目标其实是属于潜意识脑的功能。

要想让你的人生出现更新、更美好的事物，就必须经过以下 2 个步骤：

（1）运用自己的意识，事先决定要让哪些想法成为自己的信念。

（2）反复默念这些想法，直到它们深植在潜意识脑中，成为核心信念。

关键思维

设定目标和达成目标的差异就在于此，设定目标是有意识的行为，而达成目标则是精神和潜意识的行为。要达成目标，脑部的这两个区域都必须能够娴熟运用。

——亚萨拉夫　史密斯

二　学习控制自己

要达成更多理想中的目标，你必须养成更稳固、更有力的习惯。习惯由潜意识脑掌管，然而意识脑却是守住你心智入口的守门员。脑部具有无穷的能力，能在你的人生中变得更有创造力且更聪明，但是你必须掌控这一切。

人脑每秒钟会处理超过4000亿位元的信息，然而从这些各色各样的庞大资料之中，通常你只会注意到其中约2000个项目，其余资料都会被当成跟你重视的事物无关，因此会被自动过滤掉。哪些该注意、哪些该忽略，是由脑中一个称作网状活化系统（RAS）的部位决定的，从多方面来说就像是体内的Google搜索引擎。

关键思维

这种神奇能力，可以在信息汪洋中摸索，找出少量你要寻找的信息，可说是恩赐也可说是诅咒，就看你加入哪些关键字而定。如果你的RAS并没有根据你真正想达成的目标来进行设定，那么无论你再怎么勤奋追逐你的目标，都会错过环境中的各种线索，并忽略掉资源、人脉和其他可以帮助你实现目标的拼图。如果你根据自己不想要的事物来设定RAS，那么你就会碰到这种事，而且会一而再、再而三地碰到。这也正是为什么很多人好像会一直重蹈覆辙，不论是在事业、爱情还是健康等方面。你怎么还会根据自己不想要的事物来设定RAS呢？只要专注在这项事物上，自然就会养成一直想着这项事物的习惯。

——亚萨拉夫　史密斯

如果你想要改善财务状况，除非你将这个新

的意念刻印到你的潜意识脑之中，否则一切都只是空谈。想要大幅增加收入，你必须重新调整你的思维。如果不这么做，而只想靠意识心智来努力，那么你脑部的内部机制就会发挥作用，你将发现自己会一直回到原来的出发点。意志力和有意识的努力可以产生短期的效果，但是长期而言是无法持续的。你必须让自己的 RAS 跟想法一致。

努力重新设定 RAS 的最好方法，就是为你梦想的事业建立详细而具体的愿景。卓越事业会带来你所希望的金钱收入，以及你所渴望的精神收获。当你认识到自己对于改善世界的贡献被你所崇敬的人重视和肯定的时候，就会感受到这种精神收获。

在你为了追求更高的成就而重新调整自己的 RAS 之前，要先停下来想清楚自己对“成功”的定义。这完全是由你个人来界定的，然而成功对许多人来说，可以用以下方式来界定：

成功

- 从事自己热爱的工作。
- 让世界有正面的改变。
- 赚得自己理想中的年收入。
- 稳定提升自己的资产净值。
- 拥有足以随心所欲支出的收入。
- 从事能够善用自己优点的工作。
- 建立能够茁壮成长的事业。

同样，上述要素是否符合你对成功的看法并不那么重要，重要的是你必须坐下来，记下自己所定义的成功是由哪些要素构成的。完成这项工作之后，接着就可以写出从现在开始一年之后，你希望自己的事业能够达到什么境界。思考上述事项并用书面方式记下来，就等于为你重新调整RAS打好基础。

要让自己对一年之后的目标抱持更高的热忱，你必须：

（1）用现在时态记录每件事——因为潜意识

脑没有时间观念，对脑中这个部位来说，所有事物都属于现在时态。

(2) 让每件事变得生动——你所想象的图像感觉越真实，你的潜意识脑就会越努力来加以实现。

(3) 设定大胆的目标——不要只想逐步改善，而是要寻找有哪些领域可以缔造大幅的进步。不要吝于梦想，要努力追求最佳表现。

(4) 坦然找出自己的弱点——并且在你的愿景中加进一项观念，那就是在你事业成长的时候，你要找到擅长这个领域的人才，并且招募进来。让其他人加入自己的行列，你会发现有很多人擅长那些对你来说相当困难的事物。

(5) 奋力追求卓越——要将以下观念整合进你的愿景之中，也就是要去创立真正非凡绝伦的事业。想要在今日的市场上取得相当的成就，你就必须奋力追求卓越，借此来凸显自己。要设法达成这项目标。

在你记下愿景的时候，先不要操心该“如何”达成这些了不起的目标。要留给潜意识脑在往后的阶段来设法解决，而且它也真的能够解决。要记住，脑部能够联系无垠的宇宙，因此几乎没有什么事情是无法达成的。然而，如果你真心渴望能获得重大成就，谨记以下5点会很有帮助：

（1）你必须找出真正能打动自己灵魂的事物，也就是某种你很热衷的商业活动。

（2）你必须非常喜爱自己所从事的领域，到最后要让自己能够对此非常擅长。

（3）你必须重新调整自己的心智，达到让自己相信未来一定会成功的程度。

（4）你必须了解如何用这样的方式赚钱。

（5）你必须每天都采取行动去实现梦想。

三　神经系统设定

神经系统设定是指重新设定自己的潜意识脑，让它帮助你达成目标，而不是变成你求取成功的阻力。这是由内而外建构成功的过程，并非如大多数人尝试由外而内实现目标时常常会面临的辛苦状况。神经系统设定是实现伟大成就的引擎。

重新设定神经系统的流程有以下6个步骤：

(1) 创造新愿景——愿景要多彩多姿、清楚明确而且打动人心。你必须非常清楚自己想要达成的目标，并时常将这个目标放在心上。有目的性地反复进行思考，便能创造出你想要追求的现实。想象你梦想的事业已经成为真实、鲜活体验的样貌，再运用你所能想出的最生动、最能清楚描述的语言，记下你所看到的景象。具体描述你

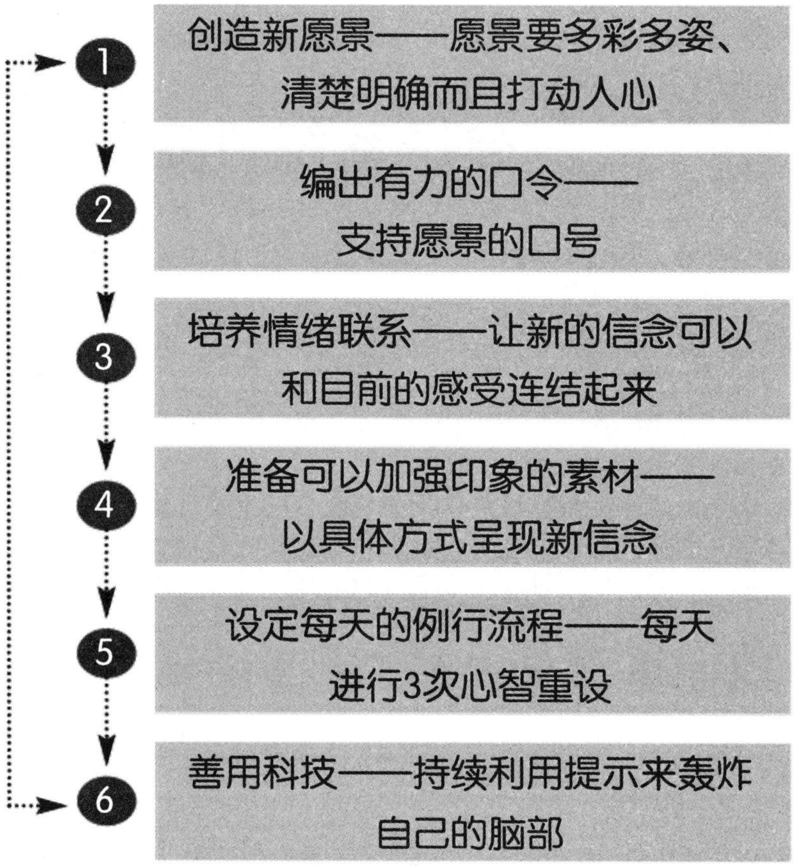

的梦想生活是什么模样。

（2）编出有力的口令——用来支持你想要深植到潜意识脑中的新愿景。口令应该要大胆、清楚、正面，并且以现在时态来陈述。以下举出几个范例：

◎ 我是杰出而老练的女企业家。

◎ 我相信自己能有高收入。

◎ 我相信自己能做好公共演讲。

◎ 我善于和项目中的伙伴合作。

(3) 培养情绪联系——让新的信念可以和目前的感受联系起来。举例来说，你可以想象自己在兑现第1张100万美元的佣金支票时，银行拿给你一大沓百元钞票的那种感觉。或者想象自己第一次坐在新买的法拉利跑车上，会闻到的新车气味。逐一检视你的信念，找出有哪些情感触发点可以加到这些信念之中。强烈的情绪会激起更多的神经网络，而这些网络所连接的，就是你刻意加到意识中的想法，以及潜意识接受为事实的事物，这两者之间的连接正是你所乐见的。

(4) 准备可以加强印象的素材——也就是以具体方式呈现新信念。这可能会有以下多种形式：

◎ 书面声明，可以简短一些。

◎ 录制声音文档，用自己的声音再配上激

励人心的音乐。

◎ 在电脑上闪现的潜意识素材。

◎ 图片或是愿景板。

这么做的重点是，要你制作一些不断轰炸自己心智的小东西，每天不断提醒自己想要达成的目标。呈现自己梦想人生全貌的愿景板在这方面特别有效，因为脑部运算能力有25％是用来处理视觉图像的。你甚至可以制作短片，由自己扮演未来梦想人生中的主角。

(5) 设定每天的例行流程——每天进行3次心智重设，分别在：

◎ 早上醒来的时候。

◎ 大约中午的时候。

◎ 晚上睡觉前。

每天要拿出至少30分钟来进行，每次10分钟。找个你能独处的地方，关掉手机、掌上电脑等任何会造成干扰的东西。在这个过程中，你要做以下几件事：

◎ 平静而舒服地坐着。

◎ 用鼻子吸气，用嘴巴吐气。

◎ 用几分钟全心关注自己的呼吸，然后开始冥想。

◎ 想象自己的事业愿景，让想象的画面像电影一般播放。

◎ 想办法让自己每天见到相同的画面。

◎ 试着体验成功会是什么样的感觉。

◎ 以再次默念口令结束这个过程。

◎ 想象自己已经变成理想中的样子。

(6) 善用科技——持续利用各种提醒的素材来轰炸自己的脑部。就这方面来说，有以下几项非常适合的工具：

◎ 你可以在运动、打扫居家环境或进行其他活动的时候，播放自己录下的口令。

◎ 制作一些潜意识素材的声音文件或影片，然后在你工作的时候播放。

◎ 购买一些刺激潜意识的软件，它们会让

你的口令在电脑显示器上快速闪过，快到让你的意识脑根本不会察觉。用这种方式，即使你埋头认真工作时，也能重新设定脑部线路。

◎ 购买一些情境 CD，用来协助自己的脑部进入更深层的冥想境界。

当你首次进行神经系统重新设定的时候，你会觉得不自在。这其实是正常的，因为你的意识心智会忙着质问你为什么想要诱骗自己，不要因此而气馁。你应该为自己正在进行更新、更好的尝试而感到高兴，同时要以进入新领域的快感来取代那些忧虑。告诉自己这就是你想要的发展，而且一切都没有问题。这初期的不适应会持续 30 天左右，直到你的脑部建立符合新愿景的全新神经通道为止。到这个时候，你的行为会大大改变，会开始注意之前从未注意的机会并且加以把握。你将开始获得宇宙中无穷的丰富资源。

关键思维

知道自己的人生和事业有目的和意义，是再好不过的感觉，这是成功事业的终极目标。成功的商业人士都会真心希望能改变世界。

——亚萨拉夫 史密斯

四　运用成功法则

宇宙是按照从未被违反过的法则在运行，了解这个事实就能掌握取得答案的钥匙，一窥商业史上所有企业之所以成功或失败的理由。让自己的人生符合4项成功法则，几乎就能够达成你想办到的所有事。

人类成功的4项根本法则分别是：

1. 吸引力法则
2. 孕育法则
3. 行动法则
4. 报酬法则

（1）吸引力法则——意思是说，你念兹在兹的事情就会被吸引到自己的人生之中。可见的世界和无形的世界之间存在着一种联系，前者是你可以触摸、品尝和看见的，而后者则是存在于感官之外。发生在可见世界中的事件和状况，是之前注入无形世界中的思想和能量所造成的结果；而追根究底，一切的事物都源自无形世界。如果你开始通过吸引力法则去运用无形世界的无上力量，你就能在物质世界，也就是可见世界中，创造出理想的人生和事业。

吸引力法则是共鸣作用与因果定律共同作用的产物。

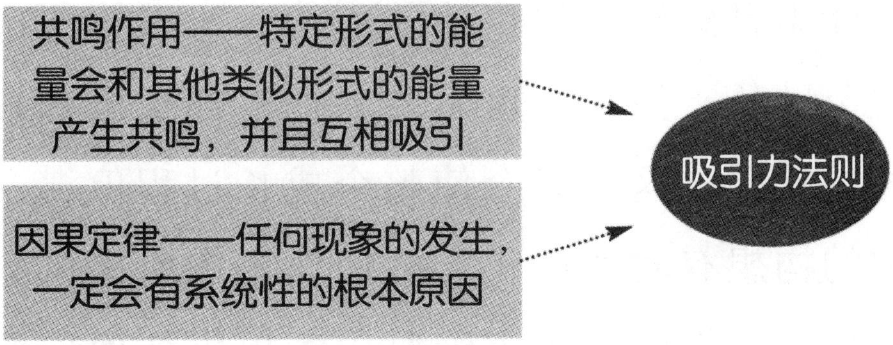

然而重点在于，共鸣作用及因果定律的结合并不只是在物质世界发生，也会在更强大的无形世界中出现，而想法在无形世界中具有非常庞大的能量。当你将新想法放置于这个无形世界之

中，它就会像种子一样吸取各种所需资源以供其生根和成长。一旦这个想法在无形世界中茁壮成长，接着便会以各种形式跨入物质世界。一定是先有想法，才会有具体形式的表现，不论是事业、资金、专利，还是有著作权的作品等。

(2) 孕育法则——每个种子都需要经过一段孕育或孵化期才能站稳脚步，并且从蓝图确实变成稳定的物质形式。在自然世界是这样，在商业上来说也是如此，因此要保持耐心。即使你具有雄心壮志且急于获得快速的成功，对于构想也不能揠苗助长。另外，也不要去把根部挖出来查看成长的状况，这样只会使整个成长过程停滞。要让你的构想有时间成长，并信任宇宙所提供的资源。你必须知道，宇宙绝对乐于提供任何你所需的资源，不过你必须非常清楚自己想要的是什么，并且要有足够的耐心让整个过程自然发展。

(3) 行动法则——种下种子之后，你不能只是坐着等结果自动发生，反而必须努力营造出良好环境，以及取得必要资源，让种子得以顺利生长。

换句话说，你必须展开行动，努力做好该做的事。同样的道理也适用于商业的构想，种下伟大的种子，抱持远大的梦想，然后竭尽全力去加以实现。如果只是枯坐在那里什么事也没有做，那么你的构想最终很可能就仅止于此。

（4）报酬法则——说明因果定律如何在商业市场中运作。道理很简单，只要有足够多的人愿意接受你的商品，报酬就会自然而然流进来。金钱报偿不会凭空而来，必须要有能让顾客认为有价值的优质商品，才会有金钱报偿。有杰出构想当然很好，也是绝对必要的，但是构想本身并不具备任何商业价值。除非你加入商品上市所需的一切元素，将构想加以发展，你才能够评估这个构想的价值。只有在顾客愿意购买你的商品时，企业才有可能存在，然后你就会因为一些方面的表现而获得同等的报酬。这些方面分别是：

◎ 你的产品能够满足需求或欲望。

◎ 让你的商品具有出众的特性。

◎ 你在产品上市及营销方面的能力。

另外也要记得，这 4 项法则是共同运作的。以下简述各项法则：

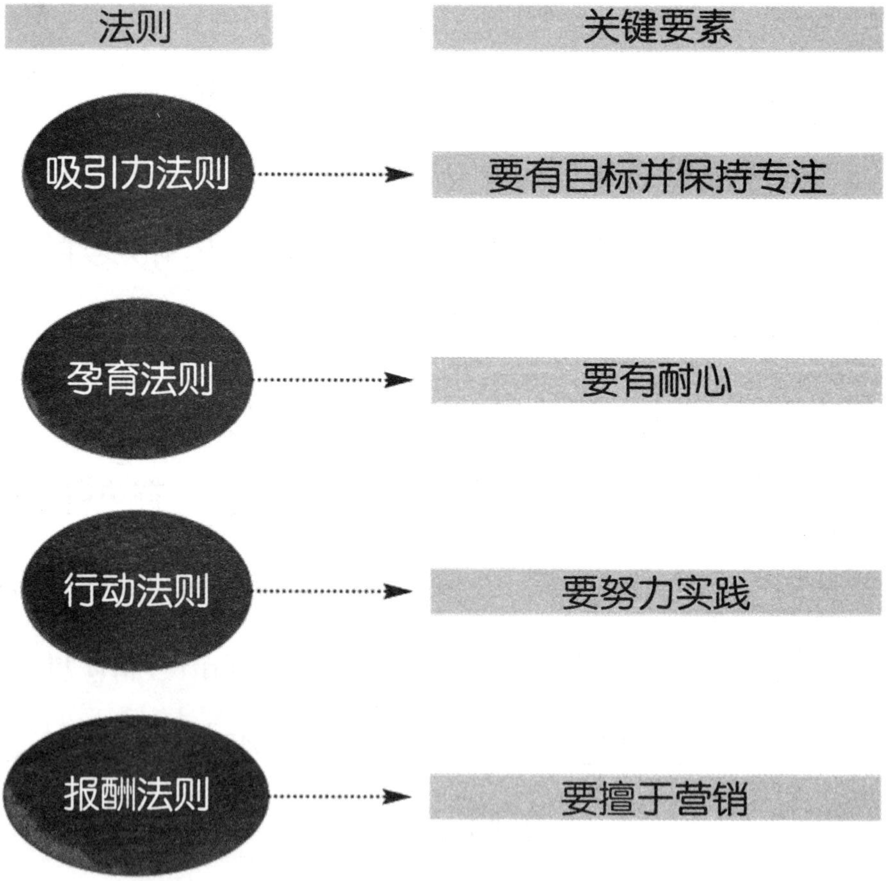

五 奉行“愿景、聚焦、行动”

电影圈常说：“灯光、摄影、开拍”，而在商业界的同义词则是“愿景、聚焦、行动”。要出类拔萃，你必须时时牢记自己设下的远大目标，聚焦在少数几项对成功至关重要的行动上，接着采取行动做好该做的事。你必须建立完善系统，确保该做的事都能做好。

愿景就是指突破一切模棱两可，找出攸关事业成败的少数几项行动。你可以从以下 3 个角度来帮助自己持续聚焦在远大目标上：

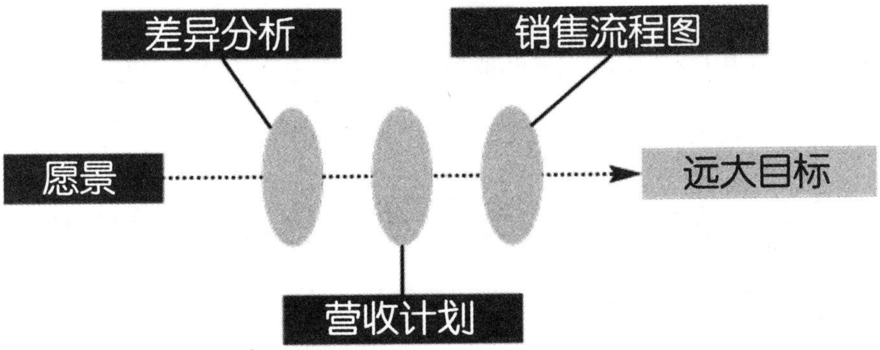

（1）差异分析——也就是比较表，主要针对你的事业在目前的状况和你未来希望达成的境界，包括财务方面和非财务方面的具体比较。谨慎的差异分析能够让你了解，必须以什么速度成长才能够在未来成就自己理想中的事业。

（2）营收计划——说明能让你从现状蜕变成为未来理想状况的成长公式。营收计划必须指出你的事业未来赖以成长的方法，是要争取新顾客、提高价格，还是向现有顾客加强推销。要让你的事业成长，并弥补目标与现状之间的差异，就要靠这种方法。营收计划要能回答下列 3 个问题：

◎ 如何从每次销售中得到更多获利？

◎ 如何争取到更多顾客？

◎ 如何采取独特做法以创造更高业绩？

（3）销售流程图——这份文件具体说明公司计划要采取的销售相关行动，也就是让你的公司成长到理想规模的营销蓝图。销售流程通常是由一连串经过精心设计的步骤所组成的，包括：

◎ 如何找出理想顾客群。

◎ 如何获取潜在顾客名单。

◎ 筛选潜在顾客需要运用哪些标准。

◎ 如何向潜在顾客提出诉求和互动。

◎ 到底要如何将潜在顾客转变为顾客。

◎ 如何服务顾客并进行后续追踪。

◎ 能够创造哪些向上销售的机会。

销售流程图要能够指出上述各项元素，不论详细或粗略都可以。描绘出销售流程，你就可以详细而深入地把各个步骤想清楚。随后有新的构想出现时，也可以逐步改善或修正销售流程图。

如果你真心希望建立起成功的事业，奉行“愿景、聚焦、行动”不仅非常有用，而且是绝对必要的。同样，差异分析、营收计划及销售流程图等策略规划工具也都非常有效。然而要让上述要点真正发挥作用，还必须加入另外一项关键要素。你的思考也必须像所有高成就者一样，要胸怀大志。他们能够看出各种各样的可行性，然后据此创出卓越的事业，你应该起而效尤。

胸怀大志的人会运用以下几种独特的方式着手建立自己的事业：

（1）胸怀大志的人善于看出远大目标——他们了解该如何让企业各部门密切合作，而且时时都确切了解自己的现状，以及未来希望达成的目标。胸怀大志的人即使还不确定该如何达成目标，他们也一向都很清楚自己该朝哪个方向努力。

（2）胸怀大志的人都充满热忱——他们并不是一时兴起，也不光是为了追逐金钱，他们敢于赌上一切以取得伟大成就。

（3）胸怀大志的人都非常专注——会设法吸引并留住必要顾客。每个胸怀大志的人都很清楚，销售和营销就是关键所在。

（4）胸怀大志的人是行动派——他们会行动

起来，找出市场上有哪些商品受欢迎、哪些无人问津，而不是闲坐着胡乱猜想。

（5）胸怀大志的人用心学习以成为优秀的授权者——他们设法招募优秀人才，并且放手让他们能够自主地进行工作。

（6）胸怀大志的人很清楚哪些工作该外包，哪些工作又该由公司自己来处理——因为他们了解，在这两种让公司成长的方法之间取得平衡是相当重要的。

（7）胸怀大志的人从不畏于寻求帮助——他们不会为了面子而拒绝寻求重要的帮助。

（8）胸怀大志的人会主动寻求良师——他们会很用心地向各个领域里最杰出的人才学习，也非常乐意通过教练或智囊团来学习更多成功的要素。

（9）胸怀大志的人不会只想创立大事业——他们希望为自己以及最亲近的人开创美好的生活，这表示他们并不是只知道工作的工作狂。他们享有丰富的生活以及愉悦的均衡感；他们希望享受人生的各个层面，而不是牺牲一切来换取事业的成功。

如前所述，想获得真正的成功，你就必须学习成为胸怀大志的人。胸怀大志才能真正落实“愿景、聚焦、行动”，也能够为你想做的每一件事注入活力与生气。

关键思维

你的人生将出现新的机会，还会有新的资源和新的状况。你将会看到自己的事业在改变，而且你还会看到自己的人生开始改变。之所以会有这些发展，纯粹一个原因，那就是：你自己先开始改变。

——亚萨拉夫　史密斯

要让自己的事业成长，不论何种事业，都是一个系统化的过程，这个过程可以简述如下：你必须从所有可能采取的行动之中，找出那些你必须落实的少数几项关键行动，然后你必须每天确实执行这些关键行动。

——亚萨拉夫　史密斯

六　找到理想顾客

帕累托法则指出，你公司赚得的80％获利，是来自20％的顾客。如果你花更多时间和努力去寻找那20％，也就是你的理想顾客，少花些心力在其他顾客身上，你就可以运用这项知识让公司大幅成长，其中的关键就是找到越来越多的理想顾客。

很少有公司清楚他们的理想顾客是哪些人，这是非常可惜的，因为这表示他们无法采取更多能为公司吸引到理想顾客的做法。你一定要花时间去描绘理想顾客的特质，如此才能找到简单、符合成本效益和实用的方法，才能在未来为你的公司吸引更多这样的顾客。

要思考你的理想顾客是哪些人，有个不错的方法就是制作两份不同的顾客资料表，一份是针对现有顾客，另一份则是针对理想顾客。接着把两份资料并排加以比较，能更清楚了解自己目前的经营成效：

现有顾客

- 所属群体
- 喜好
- 热爱
- 兴趣
- 特征

理想顾客

- 所属群体
- 喜好
- 热爱
- 兴趣
- 特征

了解你的现有顾客和理想顾客的异同之后，你就应该知道该采取哪些行动来弥补理想状况和现状之间的差异。如果能够在一开始就全力吸引合适的顾客，你的公司就可以迅速成长。只要你努力吸引更多理想顾客，就能够得到事半功倍的效果。

你的顾客资料表一定会包含一些重要的所属

族群资料，如性别、年龄、婚姻状况和现居住地等，同时一定要把所谓消费心态方面的资料加到资料表中，例如询问顾客为什么要购买你的产品或服务。如果你去分析顾客购买你商品时所想要达成的目的，可能会幸运地发现尚未被满足的需求，你可以在将来推出配件或附加服务来加以满足。你越能够找到更多方法来满足理想顾客，就越容易凸显自己和竞争对手的差异。

面临下列情况时应该运用理想顾客的资料表：

◎ 每当要开发新产品或服务时。

◎ 在你商讨客服需求时。

◎ 当你要拟定销售和营销计划时。

◎ 在所有的员工训练场合。

另外还应该在你的顾客资料表中加入其他有助于判断顾客的信息，帮自己找出哪些人是决策者、哪些人具有影响力，以及哪些人是产品或服务的真正使用者。了解这些信息会对定位销售和营销活动的方向产生一定帮助，这样你就可以清楚掌握哪些人是你想要诉求的对象，以及他们最重视的事项又是什么。

如果你已经了解自己的理想顾客是哪些人，接下来就可以坐下来规划符合成本效益的方法，用以接触到更多同样属性的顾客。方法要尽量简单，不要让这项工作变得过于复杂。

从实际情况来说，你只需要依循以下几个步骤即可：

(1) 选择最适合的配销渠道——也就是最容易让你接触到理想顾客的渠道。这很可能包含以下 7 种基本配销渠道：

◎ 直销。

◎ 运用业务代表，不论是公司员工还是外部的合作对象。

◎ 电话营销。

◎ 邮购。

◎ 网络交易。

◎ 零售。

◎ 举办活动或特别的促销方案。

（2）选择适当的营销策略——用来传达你的商品信息，这方面有许多方式可供选择。

（3）为上述策略选择适当的营销战术——也就是该如何包装商品并介绍给潜在顾客。

在你进行任何营销活动之前，都要花点时间计算顾客终身价值，简单来说就是在每一位新顾客和你保持关系的期间内，能够带给公司多少营收和最终获利。了解这个数据后，你就可以算出自己能够花多少预算来争取新顾客，而且还能赚钱。

在你审视理想顾客时，你很快就发现他们每天都会被非常多的营销诉求密集轰炸。想要让自己脱颖而出，就必须找出方法来凸显自己的诉求。要做到这点，可参考下面的步骤：

◎ 抓住他们的注意力——运用能够吸引目光并激起好奇心的标题来凸显自己，因此要花点时间来想出铿锵有力的标题。

◎ 吸引他们——向潜在顾客承诺你会提供重要信息，帮助他们解决他们非常关心的问题，因此你的诉求内容必须要有趣并值得阅读。

◎ 告知——为潜在顾客提供充分的信息，让他们能够安心作出决定。详细说明顾客会喜爱的利益点，而不是你产品或服务的功能。运用最合适的方式来建立你商品的价值。

◎ 优惠——以极具吸引力的优惠方案作为营销诉求的结尾。给潜在顾客以充分的理由促使他们立刻购买，并且加以适当的包装，让人觉得尝试你的商品几乎不会有风险。鼓励潜在顾客采取你精心规划的销售流程中的下一个步骤。

七　聚焦独特销售主张

你的企业DNA就是你的独特销售主张（USP），只要精心规划并且确实聚焦，你的USP将成为你所有行动的基础，也会是顾客选择跟你而不是其他业者往来的主要理由。一定要先详细拟定你公司的USP，才可以采取任何其他的行动。

从务实的角度来说，你的USP也就是你能带给顾客的最重要利益点。USP是将你所从事的业务浓缩成一个字词或一句话。要用心拟定优异的USP，因为光是这样就足以决定你在市场上是成还是败。

你的USP必须让顾客了解，你的产品或服务能够满足他们哪些欲望和需求、为什么能够满足，以及要如何做到。它也必须能够凸显自己和所有竞争对手的差异。这也就是为什么 USP 可以说是企业 DNA 的原因，它应该要能渲染并影响你的一切所作所为。

你应该利用下面两种方式来彰显你公司的 USP：

（1）为公司设计出直接诉求的内容——也就是一句好记的口号或标语，简述你能为顾客解决什么问题。直接诉求必须简单明了，让你能够在搭乘电梯的短暂时间里说完，因此才叫做“电梯营销”。有效的直接诉求必须是以顾客为导向的，并且通过有吸引力的方式打动人心。

◎ 沃尔玛：“省钱，过好日子。”

◎ 雷克萨斯：“专注完美，近乎苛求。”

◎ Fundamental Fitness 健身中心：“只需要一半的时间，你就能拥有最佳体态。”

◎ RE/MAX 房地产公司：“出色的中介，出色的成果。”

◎ 印第安摩托：“品质比价格更重要。”

（2）以 USP 作为公司的基本理念——也就是整合进一切作为的要素。绝佳的 USP 就像灯塔一样，会吸引成群的理想顾客。它会成为你所有营销活动的焦点，也会成为你最有力的工具。因此，在拟定 USP 的过程中，乐在其中是非常重要的。

一定要先花点时间打下良好基础，如果你没有花时间和努力去找出自己的理想顾客是谁，以及他们的需求有哪些，而只是努力去拟出希望能吸引理想顾客的 USP，这样是完全没有用的。另外要记住的是，你必须不时调整、加强和更新 USP。你会不时发现更新、更好的方法将诉求传递给顾客，而你必须在机会来临的时候好好加以利用。杰出的 USP 会随着时间发生演化和进步。

如果你够聪明，你所拟出的 USP 就能直接命中顾客最急迫的“触发点”，所谓触发点就是你的顾客目前最急迫的问题、挫折和忧虑。你应该持续和现有顾客沟通，找出他们最重视的前3大触发点。你得到答案之后，就可以努力找出最有效的方式去满足这些期望。你这方面的表现，会影响你之后所能达成的差异化程度。

当找出顾客的触发点时，你会很惊讶地发现，“最低价”通常不是他们的最优先考量。在绝大多数的经营环境中，价值往往比价格更重要。你的价格可以定到多高，取决于你带给顾客的价值有多少，而这个价值又要视你能满足顾客欲望及需求的程度而定。如果你能带给顾客的价值高于竞争对手，并且能够清楚传达这些额外的价值，你可能会发现自己甚至可以提高产品或服务的价格。

你找出顾客的触发点之后，就应该一一加以系统化分析。问自己：

（1）这个触发点对每一位理想顾客来说，到底代表什么意义？

（2）我们公司目前是否具备能够满足这个需

求的理想解决方案？

（3）我们在未来可以采取哪些不同的方法，才能针对这个触发点创造出绝佳的解决方案？

在进行上述分析的同时，你还应该思考是否能加入其他元素，让自己与竞争对手有所区别。寻找各种或大或小的创新，让你不只能满足顾客需求，更能进一步超越顾客期待。如果你能想出某种创新，你就掌握了一项真正可用的营销优势。你可以将这项新的产品或服务当作标准配件来推出并提供给所有顾客，这将会增加你带给顾客的价值，甚至能够让你为产品或服务定出更高的价格。

关键思维

确切了解你的理想顾客的需求，以及自己该如何满足他们，甚至超越他们的期待，那么你的公司注定会成就非凡。

——亚萨拉夫　史密斯

你要如何度过人生？在你思考这句话时，你会有令人深思的发现。你的人生就是你每天真正在过的日子，就好像你掏出钱包，把每个小时当作钞票花，用来购买每天的经验和记忆。你想要用你的人生来换取什么？有什么东西值得你去换取？你有选择的权利，事实上，你一定得做出选择。不要让自己只满足于“不错”，要全心全意地去追求卓越。

——亚萨拉夫　史密斯

你拥有宇宙中功能最强大的电磁波接收器，那就是人脑，它具有无限的潜能，能够吸取、了解及表达量子宇宙的无穷智慧。你已经知道答案了，现在就开始利用吧！

——亚萨拉夫　史密斯

归根结底，成功的意义其实不在于事业或财务目标，而在于你的人生经验。建立梦想事业的真正目的，是要在你成长蜕变的过程中表现自己并巩固自我。当我们走到人生的终点时，我们真正拥有的只会剩下经验、跟其他人的关系，还有记忆。我们的人生就是由这些事项构成的。

——亚萨拉夫　史密斯

习惯的力量

改变惯性行为、启动变革引擎4步骤

The Power of Habit

Why We Do What We Do in Life and Business

原著作者简介

查尔斯·杜希格(Charles Duhigg)，耶鲁大学历史系学士、哈佛大学企业管理硕士,《纽约时报》记者。2013 年以苹果电脑为主题的“The iEconomy”系列报导获得普利策新闻奖。除发表文章外，亦为《美国生活》、美国国家公共广播电台、美国公共广播公司等撰稿。成为记者之前，曾替私募股权公司工作，并成立过教育管理公司。

本文编译：许恬宁

主要内容

主题看板

改变习惯，改变人生

每天早上洗漱时，你会先刷牙再淋浴，还是淋浴后擦干身体才刷牙？

出门上班走哪条路线？一进办公室是先查看邮件还是先和同事聊天？

人们每天的行为有40％受到习惯主宰，如果你了解习惯运作的原理，便可以改变习惯，改变人生。

一位刚派驻伊拉克库法附近基地的美国陆军少校，借助无人飞机拍摄回来的影片研究附近城镇群众暴动的经过。他发现，在暴动发生之前，通常先有一小群人在广场或其他空旷地点聚集，并开始叫嚣怒吼。随着旁观的人潮增加，摊贩出现，呼喊的口号也更加激烈。但是大部分的人都是驻足交谈，直到黄昏时分，他们才会走到摊贩觅食，然后再回到原地。

如果把影片快转，便会看到在几乎静滞不动的人群中，有一两个特别活跃的分子，他们跑东跑西，而且开始带头丢石头或空瓶，不到15分钟所有人都动了起来，于是暴动形成。

在看过数十卷影片后，这位少校在首次拜会库法市长时，提出一个奇怪的请求：是否可以请当地警察将摊贩隔离在广场之外？市长一口答应。

过了几星期，库法大清真寺附近又聚集了一小群人，到了下午人数渐增，人们开始呼喊口号。到了傍晚时分，气氛逐渐焦躁不安，更多人开始呼喊。旁观的群众开始寻找一向充斥广场的小贩，但是一个也没找到。因为晚餐时间已到，于是人群渐散，到了晚上8点，已经空无一人。

事实上，自从少校来到这个基地，这里就没再发生暴动。当时同样派驻巴格达的记者查尔斯·杜希格询问他如何知道驱离摊贩能够改变群众的行为。少校回答:“了解习惯，正是我在军中学到的最重要的事。”这件事从此藏在杜希格心中，因而引发他研究习惯如何影响个人、组织与社会，并写下这本《习惯的力量》。

《习惯的力量》一出版便引发欧美各大报纸杂志热烈讨论与推荐，并跃登《纽约时报》畅销书榜长达 60 周。书中囊括百余个学术研究，与 300 多位科学家与经理人访谈，并针对多家企业进行研究。

杜希格简单归纳出习惯的公式是：当人们看到一个“提示”，会遵循一个“惯性行为”，以便得到渴望的“奖励”。改变习惯的要诀则是保持同样的提示与奖励，但把旧的惯性行为换成新的、更好的行为。

杜希格以自己为例，他原本每天一到下午 3 点半就会跑去咖啡馆吃一些饼干。了解如何剖析自己的习惯后，他才发现他并不是喜欢吃巧克力饼，而是想要在吃饼干时和同事聊天，那才是他真正渴望的奖励。因此，他重新设定新的惯性行为：同样的时间一到，他便找身边同事小聊10分钟，不再吃饼干，体重也因此减掉30斤。

根据杜克大学的一项研究，人们的行为有40%受到习惯主宰。如果你相信自己能够改变——并且把它变成习惯——改变就会成真。这就是习惯真正的力量：洞悉你的习惯是来自你的选择。一旦了解习惯如何形成，学会运用“习惯的力量”，就能让你脱胎换骨：“酒鬼可以变清醒，运作失常的企业可以绝处逢生，中途辍学的学生可以成为成功经理人。”

一　个人生活习惯如何形成

曾经有人做过估计，人们每天的行为有超过四成是习惯使然，而非审慎决定的结果。有了这点认识，也就有理由去了解习惯是如何形成和运作的。这一切都归因于“习惯回路”的运行——你看到一个提示，因此遵循一个惯性行为，以便得到你渴望的奖励。要建立新习惯或改变旧习惯，你只要保留相同的提示与奖励，然后想办法淘汰旧的惯性行为，改成更新、更好的行为。

习惯是什么？从学术角度来看，它可以被定义成一种状态，你审慎地决定在某些时候要做某些事，然后你不再去思考你的选择，而是一而再、再而三，持续不断遵守相同的惯性行为。有了习惯，你的行为会自动产生，不再需要每次决定该做什么。

麻省理工学院的研究人员在20世纪90年代开始认真研究习惯，从那时便已找出大脑有个称为“基底核”的区块，与习惯的形成有关。如果你把大脑看作一颗洋葱，从进化的观点来看，外层（接近头皮的地方）是最后新增的部分，这些外层负责创意思考和社交往来。基底核则是最里面的一层，大小和高尔夫球一样，位于头颅中央。

关键思维

科学家说，习惯的出现是因为大脑不断地在想办法省力。如果任其发展，大脑会试着把所有惯性行为都变成习惯，因为习惯可以让我们的心思缓和下来。这种省力的本能是一项很大的优点。一颗有效的脑袋需要的空间较少，头也就可以小一点，这会让分娩变得比较顺利，婴儿与母亲的死亡率因而可以减少。一颗有效的脑袋也能让我们不必再思考基本的行为，例如走路以及选择吃些什么，让我们可以把更多的脑力拿去发明长矛、灌溉系统，最终发明飞机和电玩游戏。

然而保存脑力是一件棘手的事，因为如果我们的脑袋在错误的时刻停止运转，我们可能会忽略某件重要的事，例如躲在树丛里的猎食者，或是在过马路时一辆疾驶而来的汽车。因此我们的基底核设计了一套聪明的系统，可以判断什么时候要让习惯接手，也就是一整套行为开始或结束时发生的那些事。

——查尔斯·杜希格

习惯回路存在于你曾经有过的每个习惯的核心，可以拆解成3个基本的元素：

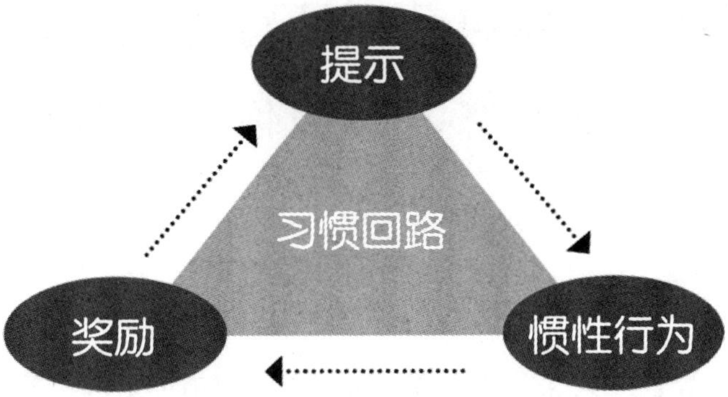

（1）提示——有某个东西会告诉你的大脑，采取自动模式是安全的，不必深入思考你面临的每个选择。提示可以来自外在或内在：

◎ 一天中的某个时刻。

◎ 和其他特定的人在一起的时候。

◎ 你所在的地点。

◎ 你目前的情绪状态。

◎ 外在发生的触发行为。

（2）惯性行为——每当习惯被触发时，你自动做的事。惯性行为是行为模式，可以是肢体的、心理的或情绪的。在习惯回路一开始，大脑会耗费大量精力寻找提示，表明要采取哪个惯性行为，然而一旦你启动惯性行为之后，大脑就会关闭，进入休息状态，因为你的行为已经被预设好，而且是自动的。

（3）奖励——你执行习惯后得到的东西。奖励帮助大脑思考你在这个习惯回路中采取的行为是否值得为未来记下来。在每个习惯回路的结尾，大脑一定会开始运作，依据得到的奖励，决定那个特定的回路是否值得记住。

的确，习惯不是命运。你随时可以决定是否要忽视某个习惯。然而大脑还是偏爱形成习惯，因为那样会更有效率。一旦习惯出现之后，大脑就不必再那么费力，可以专心处理别的事。

认识习惯回路最棒的一点是，一旦你真的了解基本元素，你就可以开始修整它们并且进行优化。靠着改变你的提示、惯性行为与奖励，就可以改变你的习惯。

习惯的科学在 20 世纪 90 年代后有爆炸性的发展，成为重要研究领域。除了大学之外，企业（例如宝洁、微软、Google 及其他公司）与美军等机关也在研究习惯的神经学与心理学，试图了解能以什么样的方式改变习惯。

关键思维

少了习惯回路，我们的大脑就会被日常生活

琐事压垮而瘫痪。基底核因伤或疾病而受损的人，常会心智瘫痪。他们无法从事基本活动，例如开门或是决定要吃什么。他们丧失忽略细枝末节的能力——举例来说，一项研究发现，基底核受伤的病患无法辨认害怕与厌恶等脸部表情，因为他们始终无法确定要注意脸部哪个部分。少了基底核，我们会失去每天依赖的数百种习惯。

——查尔斯·杜希格

习惯就和记忆与理智一样，是我们行为的根源。我们可能不会记得造就习惯的经历，但一旦习惯常驻大脑后，就会影响我们的行为——通常是在我们没有意识的情况下。

——查尔斯·杜希格

让我们分享一个案例：

20 世纪 90 年代初期，克劳德·霍普金斯悟出广告的科学。他让桂格燕麦、固特异轮胎，以及 Van Camp's 猪肉豆等品牌，从默默无名的产品变成家喻户晓的名字。

霍普金斯的朋友发现一种叫“白速得”的牙膏，需要有人帮忙营销。一开始，霍普金斯不太想插手这件事。霍普金斯的朋友给他 6 个月后即可行使权利的大笔股票，霍普金斯才终于同意帮忙营销“白速得”牙膏。

5 年内，霍普金斯改变了心意，说这是他职业生涯中最好的财务决定，因为“白速得”牙膏将成为全球最知名的品牌之一。10 年内，刷牙将成为美国半数以上人口每天要做的事，以及全球每一个霍普金斯能够买广告的国家的日常习惯。“白速得”牙膏让霍普金斯发财致富。

霍普金斯是如何做到的呢？他创造了一种渴望——一个提示与奖励的特殊组合。霍普金斯读了一堆牙医教科书，发现我们的牙齿会自然产生一层基本上无害的“黏液素”，覆盖在牙齿上。霍普金斯决定称它为“薄膜”，并开始做广告“白速得”可以帮你摆脱那层薄膜，尽管多数专家都同意牙膏其实对于清除薄膜没有多大用处。

霍普金斯靠着联系每个人都有、不可能忽视的提示，找到让人每天使用牙膏的强大触发事件。此外，他还强调了奖励——美丽的笑容以及更美的容貌。只要用“白速得”快速刷牙就行了。

“白速得”广告播放才3周，订单便多到让工厂应接不暇。10年内“白速得”就成为世界上销售量最高的产品之一。

事实上，“白速得”30多年来一直是美国最畅销的牙膏品牌。克劳德·霍普金斯靠着他的股票，赚了超过百万美元。

霍普金斯的“白速得”广告无意之间遵守了形成习惯的3大法则：

1. 找出简单又明显的提示
2. 清楚定义奖励
3. 替奖励制造出渴望

同一时间市场上的所有其他牙膏，也都自夸

可以清除薄膜，因此就那点来说“白速得”并不独特。然而，“白速得”不一样的地方，在于它含有柠檬酸、薄荷油以及其他微微具有刺激性的化学成分，因此人们使用“白速得”时，会感到舌头和牙龈上出现一种凉爽、刺痛的感觉。没多久，人们开始会说除非出现那种只有“白速得”才能给人的刺痛感，否则他们不会觉得口腔干净。

换句话说，克劳德·霍普金斯让“白速得”能够成功的原因，在于让人们渴望这项产品的程度超过其他所有产品。他完全不是在卖美丽的牙齿，而是在卖那个微微的刺痛感，一旦人们渴望那个刺痛感，并将那种感觉等同干净，刷牙就形成一种习惯。

了解习惯如何形成的好处，在于你可以利用基本公式，打造你自己选择的习惯。过程很简单——你只需要让所作所为符合公式。举例来说，假设你正试着养成定期去健身房的习惯。要做到这点，涉及3个步骤：

（1）选择提示——像是把你的健身鞋摆在每天会看得到的门口。

（2）定义诱人的奖励——像是享用你喜爱的水果冰沙，或者是运动时脑内啡带来的美好感觉。

（3）创造渴望——或许你可以定下每天的固定时间，刻意预期奖励，期待赢得奖励后会有什么感觉。每天醒来后花个几分钟想象你的奖励，就能助长渴望，推着你每天去健身房。

现在我们知道习惯形成的3大法则，那很好。然而如果要改变习惯，就得运用不一样的规则。“改变习惯的黄金原则”告诉我们，如果要改变习惯，你得保留相同的提示与奖励，但要让习惯回路加进新的惯性行为。

“改变习惯的黄金原则”是说，你永远无法彻底消除坏习惯。你所能做的只是换掉你不喜欢的惯性行为，改成你的确喜欢的行为。保留提

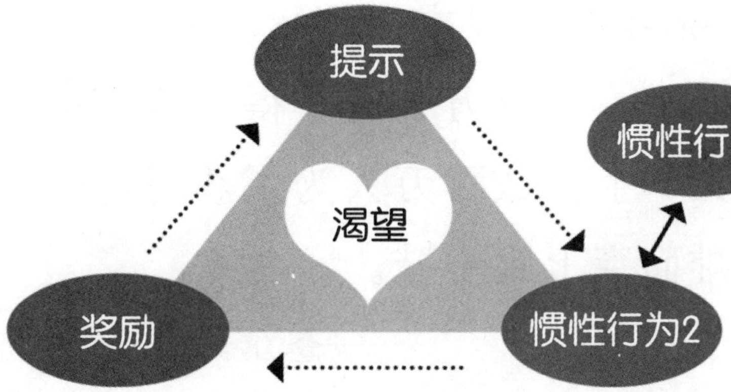

示，提供相同的奖励，但加进新的惯性行为。

关键思维

习惯强大而细致，可以在我们毫无察觉的状况下出现，也可以被刻意打造。它们通常在未经我们许可的情况下出现，但只要稍加调整就可以重新塑造。习惯塑造我们生活的程度，远超过我们的了解——事实上，习惯非常强大，它让我们的大脑排除其他一切而依附它们，包括常识。

——赖瑞·斯奎尔

加州大学圣地亚哥分校神经学教授

渴望会助长习惯，找出如何激发渴望会让人

更能养成新习惯。现在如此，100 年前也是如此。每天晚上，数百万人为了得到刺痛的感觉而刷牙；每天早上，数百万人为了获得他们学会渴望的脑内啡而穿上跑步鞋。

——查尔斯·杜希格

我们再来分享一个案例：

匿名戒酒会成立于 1934 年，创始人是 39 岁的比尔·威尔森。协会有一个著名的 12 步骤计划，帮助数百万人成功戒酒。有趣的是，匿名戒酒会不会攻击人们酗酒的根本原因，而是针对酒精摄取，提供一套改变习惯的方法。

研究人员说，匿名戒酒会之所以有效，是因为协会的计划强迫人们找出助长他们酗酒习惯的提示与奖励，接着帮助他们找出新行为。

为了使酗酒人士在酒吧里得到相同奖励，匿名戒酒会建立了一套聚会与陪伴的制度——每位成员都有一位一起努力的“协助人”——这套制度致力于提供类似星期五狂饮之夜带来的逃离现实、分散注意力与宣泄的机会。如果有人需要安慰，他们可以和“协助人”聊天或是参加小组聚会，而不是和酒友干杯。

从他们的书面介绍不太能看出来，不过如果要完成那 12 步骤，人们必须把造成自己酒精冲动的所有触发点写下来。当你进行自我盘点时，你就是在找出所有导致你饮酒的原因。此外，向别人承认你所做过的一切坏事，是找出何时事情会失控的好方法。匿名戒酒会迫使你建立每天晚上会做的新惯性行为，而不是喝酒。聚会时你可以放松聊一聊你的焦虑。触发和回报依旧是一样的，改变的只有行为。

匿名戒酒会靠着加进新的惯性行为改变习惯。这样的方法已经被运用在许多其他习惯上，而且效果显著。这个领域的研究已经演变成被称为“习惯逆转训练”的正式疗法。

“这听起来简单到离谱，但一旦你意识到你的习惯是如何运作，一旦意识到提示与奖励，你就已经完成一半的改变。事情似乎应该更复杂一些。事实上，大脑的程序是可以改写的，你只需要刻意而为就行。”习惯逆转训练研发者纳森·亚齐为此做了总结。

匿名戒酒会也提供如何成功改变习惯的另一个重要提示。酗酒人士再次酗酒是常有的事——先是不喝酒了，接着压力事件出现，造成他们再度陷入旧习惯。即使你建立了新习惯，那些旧习惯依旧潜伏在那里，一有机会就会再度现身。

研究人员开始试着找出为什么新习惯有时永久保存了下来，有时则不然，因此再度分析匿名戒酒会。而其中秘诀，酗酒人士说在于上帝。研究人员自然排除这种说法，认为性灵与此无关，因为那是无法被测试的假设，然而最终他们被迫承认，宗教信仰与成功保持清醒之间确实有所关联。

从那个角度来看，研究人员了解到匿名戒酒会成功的其中一个理由是，协会让人们参加产生信念的聚会。实际上，匿名戒酒会训练人们如何相信某件事，直到他们最终相信计划，相信他们有能力永远不再酗酒。匿名戒酒会让人们练习相信事情会变得更好，直到现实生活中这件事也变成真的。

一个简单的事实是改变习惯永远是件难事。没有那种对所有人都有用、对全部人都适用的方法。然而，如果要增加成功的机会，只要记住，当你保持同样的提示与奖励，习惯是最具可塑性的东西，你只需要在习惯里加进新的惯性行为。另一件要留意的事是，如果要永久改变一个习惯，你必须相信那是可能的。那个信念通常只会出现在你获得也有过相同经历的组织或团体的热心支持时。

关键思维

研究人员发现，重点不是上帝，而是信念本身会让事情不同。一旦人们学会如何相信某件事，这个能力就会开始影响生活的其他层面，直到他们开始相信自己可以改变。信念让重新打造的习惯回路变成永久行为。

——查尔斯·杜希格

在某个时间点，匿名戒酒会的成员会环视房间，心里想着如果那个人成功了，大概我也可以成功。那是团体以及经验分享非常有力的地方。光靠自己一个人，人们可能会怀疑自己可以改变的能力，然而组织可以说服他们放下怀疑。团体会创造信念。

——李·安·卡斯库特斯

酒精研究小组资深科学家

如果你相信自己能够改变，并且把它变成习惯，那么改变就会成真。这就是习惯真正的力量：洞悉你的习惯是来自你的选择。一旦选择了，而且变成自发行为，它不仅会成真，而且还会变得无可回避。

——查尔斯·杜希格

二　组织如何形成习惯

你无法命令人们改变他们的习惯，然后期待它一夜成真。相反，如果你正在努力让组织变得更好，你要找出“核心习惯”是什么，然后引发连锁反应。核心习惯是最重要的习惯，只要它改变了，便会启动连锁反应，最后会改变所有一切。

我们来分享一个案例：

保罗·奥尼尔1987年10月任职美铝（美国铝业公司）CEO之时，宣布公司今后将专注于工作安全，让一群分析师大感震惊。

会议结束时，屋内的投资人几乎全部夺门而出。其中一人跑到大厅，找到公用电话，打电话给自己前20位大客户。那名投资人告诉杜希格：“我跟他们说：‘董事会找了个嬉皮士来负责管理，他会毁了这个公司。’而且‘我要他们趁着房间内其他人开始打电话给自己的客户，跟他们说一样的话之前，马上卖掉手中持有的股票。’那真是我整个职业生涯给过的最糟的建议。”

一年之内，美铝的获利就创史上新高，奥尼尔 2000 年退休时，美铝的净年收入翻了五倍，市值达到 270 亿美元。奥尼尔成就这一切的方法在于，他正确找出了美铝的核心习惯——职工安全，那是最重要的习惯。美铝靠着成为更安全的工作场所，摇身一变成为道琼斯指数表现最佳的股票。

职工安全这种这么简单的事，最终是如何变成美铝的核心习惯？职工安全自然而然地导致以下几个结果：

（1）首先，没有人会有意见。工会和管理单位在共同目标下团结一致。

（2）为了了解意外如何发生、为什么会发生，美铝引进了能教育职工的人士，并制定最有效的工作流程。美铝变得精简化且现代化。

（3）自从总部要求意外发生就要立刻汇报后，公司成立了新的通信系统。这个系统后来也用来传达市场资讯，让美铝能够以更快速度回应市场变化。

（4）当每个人都盯着保护职工安全的新惯性行为时，成本下降，品质提升，生产力一飞冲天。除了受伤事件减少之外，相关努力都使美铝获利增加。

如同美铝经验所描述的，核心习惯会以 3 种重要方式发生作用，并鼓励组织进行改变：

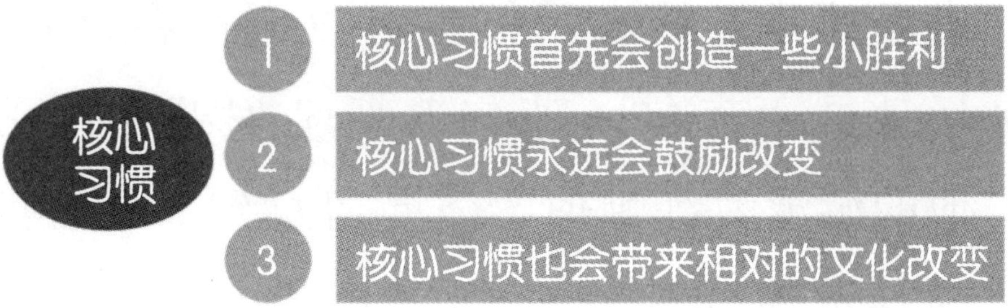

（1）核心习惯首先会创造一些小胜利——这些小胜利无一例外都会给后来更大的改变带来动力。小胜利会建立成功模式。换句话说，小胜利会让日积月累的成功变成每个人都能运用的惯性行为。

（2）核心习惯永远会鼓励改变——通常是通过建立一套帮助人们实现成功的架构来完成的。举例来说，美铝改善通信系统以通报工作安全事故的这个举动，恰巧也帮助提升了公司的市场反应能力。核心习惯通常会有这样的效果。

（3）核心习惯也会带来相对的文化改变——它们会创造新文化，让更好的价值观生根。核心习惯彰显出遇到压力、困难或逆境时容易被遗忘的价值观。

有趣的是，核心习惯也可以应用在体育界。游泳运动员迈克尔·菲尔普斯 7 岁开始练习游泳。他的游泳教练鲍伯·波曼留意到菲尔普斯不仅有绝佳泳将体格（修长的上半身、大手和短腿），而且拥有顶尖选手都有的执着。

波曼让菲尔普斯建立一个非常简单的关键习惯。每天晚上训练结束时，波曼会要求菲尔普斯

“回家看录像带，睡前要看，起床时也要看”。这里所说的当然不是指真的录像带，而是在脑中想象完美的竞赛画面。

波曼在训练时会大喊：“播放录像带！”要求菲尔普斯以竞赛速度前进。这招很有用，菲尔普斯的速度会越来越快、越来越快。到最后，只要比赛时，教练就在菲尔普斯耳边低语：“准备好录像带。”他就会集中精神，进入赛前的惯性行为，然后出场一举拿下冠军。

关键思维

波曼给菲尔普斯的让他不同于其他竞争者的东西，是让他成为泳池里心智最强泳将的习惯。一旦波曼让菲尔普斯的生活建立起几个核心惯性行为，所有其他的习惯，如他的饮食和练习时间表、热身以及睡眠惯性行为，似乎也都各自就绪。

——查尔斯·杜希格

若你问菲尔普斯，他赛前都在想些什么，他可能会说其实没想什么，他只是按照计划来。但这并非事实。更准确地说，应该是习惯接管了一切。当比赛到来，他已经完成大半的计划，而且每一步都取得胜利：所有伸展动作都照计划进行，来回热身的状况也跟他想象的一样，他的耳机播放的内容也一如他所预期。实际比赛不过就是相同模式的另一步，只是比平常提早一点，而且一样除了胜利，还是胜利。赢得比赛是自然而然的事。

——鲍伯·波曼

迈克尔·菲尔普斯的游泳教练

对于多数人而言，意志力是取得成功最重要的核心习惯。如果你能打造意志力，让它变成一种习惯，对于你的职业生涯发展和成长将有莫大的好处。

星巴克曾耗费数百万美元，试着找出如何帮助员工拥有更强大的意志力。公司主管撰写了训练课程，公司也试着把员工送到健身房和瘦身工作坊，以增加他们的意志力，然而成效不佳。最后，星巴克的主管发现，帮助员工获得更多意志力的关键在于，给予他们可以配合意志力习惯回路的惯性行为。员工会得到一本工作手册，让他们写下自己将如何处理一些事情以及其他情境。

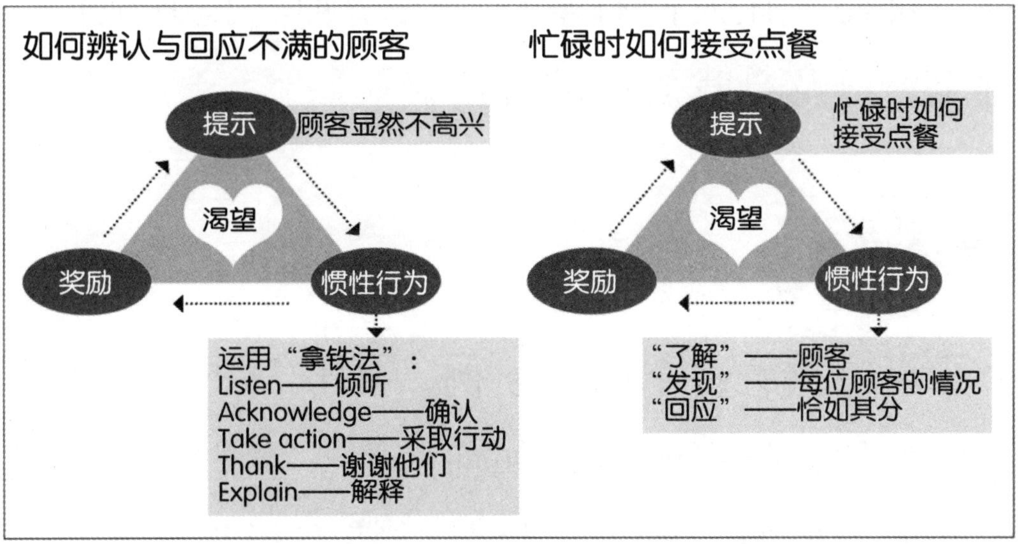

星巴克的训练手册有数十个空白页，员工可以写下自己的计划，说明他们将如何处理那些充满压力、会建立或破坏公司声誉的接触时刻。员工接着进行角色扮演，一遍又一遍地练习那些计

划与惯性行为。

值得注意的是，星巴克还做了另一件事来增强员工的意志力。星巴克让员工选择要如何迎接顾客，商品应该如何摆放，甚至是重新设计浓缩咖啡机、收银机与店面配置。店经理花数个小时的时间和员工讨论搅拌机应该放在哪里，这一点都不奇怪。让人们有掌控感会增加与提升他们的意志力以及自我规范的程度。

关键思维

星巴克有多套固定惯例，教导员工在面对充满压力的转折点时应该如何应对。意志力就是这样变成习惯的：事先选择某个特定行为，然后在转折点来临时就进行这套惯性行为。

——查尔斯·杜希格

大部分组织都有各式各样的惯性行为，详细规定事情该如何处理。这些组织习惯或惯性行为可能会被正式订定（写进手册等），也可能以非正式形式出现，没有书面文件。这些组织习惯有时会带来极大好处，有时则有极大坏处。

有的时候，提升组织习惯和惯性行为的最佳时机，就是某种危机浮现的时刻。例如：

美国国家航空航天局的行政官员多年来一直试着改善内部的安全问题，但一直徒劳无功。航天飞机挑战者号在1986年爆炸时，内部杂音全部消失，国家航空航天局得以对内部强制执行品质标准的方式进行重大改革。

伦敦的国王十字地铁站1987年发生大火，31人丧生，数十人受伤，民众发出怒吼要求究责。英国政府指派一名特别调查员，举办听证会，揭发所有造成无法应对事故的内部障碍。伦敦地铁的整个运营组织，最终得以被大改造。

同样的现象也时常出现在政治圈。白宫办公厅主任拉姆·伊曼纽尔在2008年全球金融危机发生后表示："你绝对不会想要白白错失一次严重的危机。此次危机让我们有机会做到你们以前做不到的事。”

靠着那次金融危机，奥巴马政府说服国会改变心意，通过他签署的医改计划，重新修订数十条过时法规，通过7870亿美元振兴方案。奥巴马靠着应对危机，得以执行罗斯福新政以来最具野心的政策大改革。如果没有那场危机，是否还会出现这种采取行动的政治意愿也就难说了。

关键思维

只要给员工一种主事者的感觉，让他们觉得自己可以掌控事情，有真正的决策权，就可以大幅提升员工为工作投入的精力与专注度。

——查尔斯·杜希格

公司并不是一个每个人都会好好一起合作的和睦大家庭。大部分的工作环境都有势力范围，主管会夺权争功，他们通常会在暗地里发起小型战争，让自己的表现看起来优于对手，让对手被比下去。然而即使公司会有内斗，大部分公司还是相当平和地一年又一年顺畅运作下去。这是因为它们有惯性行为，习惯可以让每个人暂时休战，放下敌意，直到每天的工作做完为止。组织习惯提供了基本保证：如果你遵守既有模式，遵守停战协议，你们之间的竞争就不会毁了公司，公司会财源滚滚，每个人最后也都能发财致富。

——查尔斯·杜希格

正如危机可以触发机构性的习惯改变，我们个人的人生也是如此。企业费很大的力气了解我们的购物习惯，然后制造给我们购买最多东西的机会。比方说，在你进超市时：

你第一眼会看见蔬果。营销人员知道，如果你在大买特买之前，先在推车里放进一些健康的东西，之后你比较有可能购买高价的甜点零食，因为你觉得那是你应得的。

进入店内后你会右转——零售商会把利润最高的产品放在那里，希望你会在一时冲动之下购买。

谷类早餐不会依字母排序，而会随机摆放，让你在货架前逗留更长时间，查看更多的选择。

道理很简单，人们偏好熟悉感，我们在进行日常活动时，通常会依据习惯自动做选择。许多零售业者因此开发与建立“预测分析”部门，以找出顾客偏好。这就是为什么塔吉特等零售商会在4月寄出泳装优惠券，7月寄防晒霜优惠券，9月寄瘦身书优惠券，12月寄放在圣诞树下看起来会很不错的脚踏车与滑板车目录。

然而，如同企业可能因为危机而大幅改变习惯与惯性行为，人们在历经重大生活事件时，例如生孩子、买新房、结婚或离婚、换工作等，他们的购买习惯也可能大幅度改变。

如果企业能在其他人之前知道你怀孕了（或是你的伴侣怀孕了），他们就可以抢在竞争者之前，卖给你所有你会需要的额外物品。那是件好事，但是问每个走进店里的人有没有怀孕，似乎不是件聪明的事。因此，塔吉特之类的公司便着手研究早期购买与怀孕之间的关联。

关键思维

对于大多数人来说，什么是人生最重大的事件？什么事件会造成最大的突变，让人“无法抵挡营销人员的介入”？答案是新生儿。对于多数顾客来说，没有什么会比新生儿的降临带来更大的转变。结果，相较于几乎所有其他成人生活的阶段，新手父母的习惯在那个时刻最具弹性。因此孕妇是企业的金矿。新手父母会买很多东西，如尿布与纸巾、婴儿床与婴儿连身衣、毛毯与奶瓶，塔吉特等商家会以很高的利润售卖这些东西。2010 年一项调查显示，一般父母在孩子过一岁生日前，会花上 6800 美元购买婴儿用品。

——查尔斯·杜希格

预测分析专家认为，有一天企业会比我们自己更了解我们的喜好，并且更能预测我们的习惯，那一天很快就会到来。然而，知道某个人可能偏好某个牌子的花生酱，并不足以让他们依据那个偏好行事。要推销一个新习惯，不管是日用品或有氧运动，就必须了解如何让新奇的东西感觉熟悉。

——查尔斯·杜希格

塔吉特利用自己的婴儿注册信息回溯，找出女性购物者开始购买婴儿尿布等明显的怀孕用品之前，会买些什么。

分析人员研究资料后发现，正在等待分娩的女性，通常会在怀孕中期，购买超乎平常用量的无香乳液。她们会在前 20 周购买大量维生素，接着通常会在快生产之前，改买无香味肥皂、手部杀菌产品与毛巾。

拥有这类信息的唯一问题在于，如果塔吉特（或任何其他公司）突然间开始寄给顾客明显是婴儿产品的优惠券，而顾客并没有告诉他们自己正在期待新生儿，顾客会受到惊吓。知道顾客那么私密的事会让人感到不舒服，好像被监视。靠着推测一个人的购买习惯判定是否怀孕，可能引发某些隐私警报。

为了解决这个问题，零售商采取音乐产业广泛使用的技巧。如果唱片公司想引起顾客对新专辑的兴趣，它们就会请电台把新歌夹在熟悉的经典歌曲中播放。一段时间以后，听众心中会开始联系新旋律以及那些熟悉又广受喜爱的歌，新歌受欢迎的程度便会激增。

塔吉特所做的事与此类似。塔吉特的邮件广告部门，有能力依据先前的购物内容，替每一位顾客量身打造广告册。不过如果某个人的资料显示她们刚刚怀孕，塔吉特会在实际上要卖婴儿商品的广告里，故意混入其他商品（例如割草机）。那会让婴儿广告看起来像是随机的。此外，每个收到广告的人会以为，住在同一区的其他人也拿到了相同的广告。

塔吉特没有透露个别产品的销售数字，但

2002年至2009年之间，塔吉特的总营收从440亿美元增长至650亿美元。

关键思维

我们的资料库工具越来越成熟。“塔吉特邮件”成为能够推销价值的有用工具，方便我们主攻新手妈妈或青少年等特定群体。举例来说，从产前照护、汽车安全座椅到婴儿车，“塔吉特婴儿”能够追踪不同的人生阶段。2004年的时候，“塔吉特婴儿广告邮件”让来店次数和销售量大幅上升。

——格雷格·斯泰因哈费尔

塔吉特总裁

我们的生活，即便有确切的形式，也不过就是一堆习惯，实用的、情绪的及理智的习惯被有系统地组织起来，造成我们的幸与不幸，让我们无法抗拒，一步步走向自己的命运，不管那究竟是什么样的命运。

——威廉·詹姆斯，心理学家

三　社会如何形成习惯

习惯绝对不是乍看之下那么简单。即使在你的个人与职业生活中有牢不可破的习惯，也不代表那就是你的宿命。一旦了解习惯如何运作，你就可以选择是否继续目前的习惯，或是改变它们。说到习惯时，知识就是力量。

让我们分享一个案例：

民权运动是美国上个世纪最重要、影响最深远的社会变革。民权运动出现的代表事件首推美国阿拉巴马州蒙哥马利的裁缝师罗莎·帕克斯在公车上拒绝让座给白人。她的案子促使金恩牧师介入，民权运动从此找到声音与方向。值得注意的是，罗莎·帕克斯并非第一个挑战当地隔离法的人。然而她被捕却让人一呼百应，让小小的蒙哥马利成为民权奋斗的爆发点。我们可以通过了解习惯，解释背后的原因：

罗莎被捕时，她有大量来自不同社会背景的朋友。基于他们和她之间的强联系，他们提议举办罢坐公车的一日活动，表达自己的支持。

该市的非裔美国人社交媒体不认识罗莎本人，然而他们之间仍有邻里和团体之间的弱联系。他们为了向罗莎表示敬意，也同意不再坐公车。同事压力也增加了他们的参与度。

友谊的强联系与社交媒体的弱联系相结合之后，产生足以造成改变的动力。在这过程之中，金恩牧师成为富有魅力的民权领袖与发言人。领袖赋予民权运动新习惯，让人产生新的身份认同与自主感。

用今日的术语来说，民权运动之所以像病毒一样传播且自我推进，是因为新习惯的力量，那股力量最终在社交媒体生根。一旦你了解如何聪明运用习惯后，习惯将是强大的变革动力。

关键思维

我们所知道的每件关于习惯的事，不管是神经学家研究失忆，又或者是组织专家重新改造公司，如果你了解习惯的运作方式，在这些例子里习惯都可以改变，而一旦你了解习惯可以改变，你就拥有重新塑造习惯的自由，以及义务。

——查尔斯·杜希格

尽管如此，大家都知道积习难改。要改变习惯，首先你必须详细了解习惯，包括提示、惯性行为、奖励、关键转折点，以及隐藏其中的渴望。如果你真的想要重塑习惯，让自己变得更好，可采用下图的 4 个步骤：

改变习惯4步骤

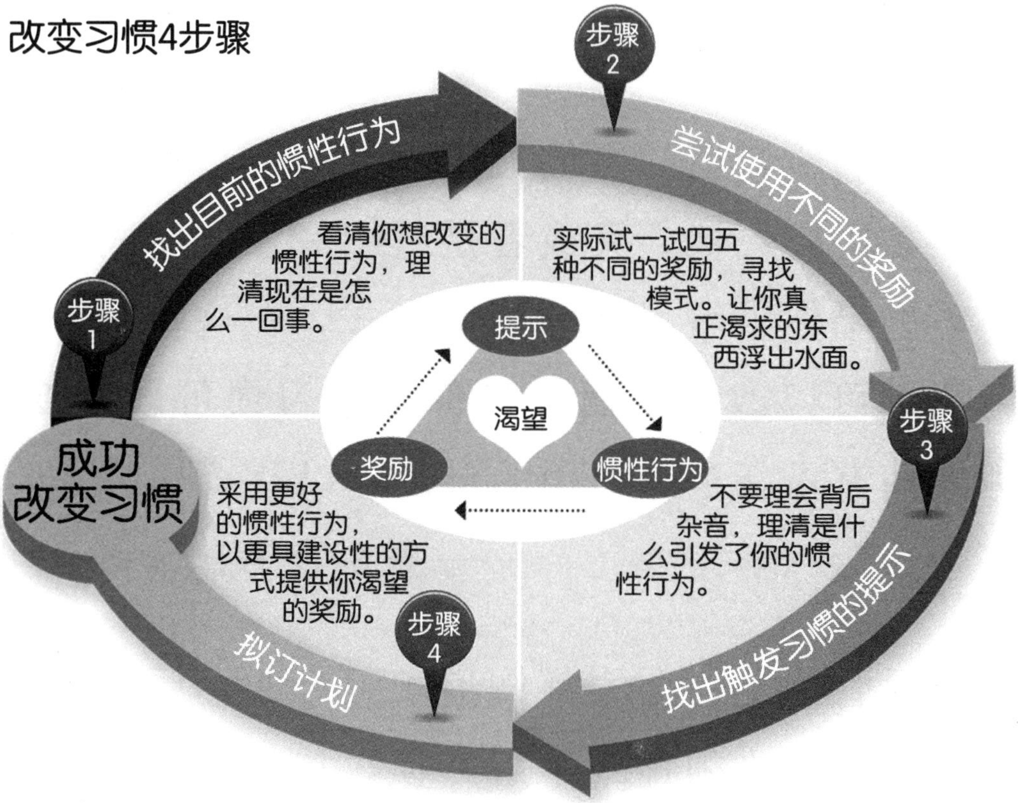

关键思维

当然，有的习惯较难改变，然而这个架构是个起点。有的时候改变需要花很长的时间，有时必须不断试验、不断失败，但一旦你了解习惯如何运作，一旦你诊断出提示、惯性行为与奖励是什么，你就能掌握习惯。让习惯脱胎换骨不是一件容易或一蹴而就的事，不是永远都那么简单。但它是可能的，而且现在我们知道怎么做了。

——查尔斯·杜希格

延伸阅读

启动变革，养成受用一生的好习惯

好习惯是由后天学习而来，不是天生个性使然。你可以借着练习与重复操作，把你选择的习惯融入自己的人生。

心理学家发现大脑由 2 个系统控制——理性和感性，而且抢着左右你的决定。如果想要有所改变，你得两边讨好，并且铺设好改革之路。你所选择的习惯，和你在人生各领域的成就息息相关。想要控制命运，改变预设结果，就必须凡事深思熟虑，并培养更好的习惯。

说服大脑你要改变 3 步骤

持续求新求变为何如此困难——即便改变对你是有益的？因为在人的大脑中，总是有一种根本的紧张态势存在于你的理性和感性之间。要有所改变，你得找到方法，同时诉求大脑这两个层面。

步骤1：吸引理性

许多乍看之下像是抗拒的情况，其实是因为欠缺明确性。对于你希望人们做的事，如果能提供明确的方向，就有机会让理性站在你这边。把你想要的新行为拆解成简单、没有废话的指令，让大家都可以了解然后愿意遵守。

（1）找出自己变革成功的故事，并复制这些成功经验。预先规划好如何引导自己的理性。要让事情获得进展，就必须着重在那些“光明面”——一些小的成功故事，那些你想引发的变革已然发生的案例。弄清楚他们做对了什么，要求自己用心找出方法，并在其他地方如法炮制。

（2）把大规模的变革拆解成必要的关键步骤，并且谨慎地加以描述。在你要求人们做某些改变时，千万不要为他们提供过多选择，因为那样做只会让他们莫衷一是。

（3）总是让每个人朝着愿景所在的方向，并帮助他们了解它所代表的意义。当你指引它到某个迷人的目的地，再加上生动的词汇描述，理性就会停止分析并开始想办法到达那里。

步骤 2：激励感性

筋疲力尽常被误认为懒惰。当感性往不同方向拉扯，理性就会感到疲倦。因此，只要让人们对你尝试进行的变革产生正面的感受，你就成功了一半。

（1）进行一场示范，让人们感受当前的切身之痛。要积累变革的能量，你必须吸引员工的感情，以及他们理性的一面。除非你能做一些事让员工感受到现状带来的痛苦，他们才会开始感受到变革的压力。

（2）把变革拆解成合理、易于管理的小块。让人们先从一些小事开始进行，不久之后他们就会产生能量，可以用来支撑他们应付更大且更困难的层面。

（3）鼓励并教导员工变革是成长并变得更好

的机会。如果你可以把自己想推动的变革变成身份认同而不是考虑后果的事件，那么人们理所当然地会更有意愿去进行改革。

步骤 3：造桥铺路

许多乍看之下被视为人的问题，其实是环境的问题。让新做法比旧做法更容易执行，你就会发现人们的改变。

（1）每当环境发生改变，行为就跟着改变——因此请好好改善你的环境。

（2）设法帮助大家建立新习惯，配合你所推动的变革。要想永远改变自己，你必须建立新习惯配合自己想前往的方向。

（3）让变革产生传染性——和一群人一起行动，比较容易坚持到底。

守住千金难买好习惯 4 原则

成功人士之所以能达成梦想，是由于他们培养了千金难买的好习惯。若你也想要取得相同的成果，就该遵循同样的原则。只要让自己一生养成各种好习惯，所有的事情都会顺理成章地发生。

原则 1：了解培养好习惯的力量与必要性

人生的成就，全都掌握在自己手中。关键就在自己的想法。大部分人共同的人生目标有以下 4 项：

（1）身体健康——有了充沛的活力与长寿的人生，就能追求你想要的成就。

（2）良好的人际关系——与你喜欢、敬重及所爱的人相处融洽。

（3）做你所爱的工作，并且获得适当的报酬——你的努力是有意义的贡献。

（4）经济独立——拥有足够的金钱，无需担心经济困境。

原则 2：了解习惯养成的原因，并积极运用这项成因

要培养成功的习惯，关键在于控制自己的想法。全世界通用的重要法则包括：

（1）因果法则——种什么因，得什么果。因此，你模仿成功人士的做法，最后也会得到和他们相同的成果。

（2）控制法则——越相信自己能够掌握命运的人，越快乐；越不相信自己能够掌握命运的人，越不快乐。

（3）信念法则——不论你衷心信仰什么，那部分终将会成为最真实的你。

（4）期待法则——不论你期待什么，只要有信心，就会实现。

（5）吸引法则——很自然地，你会吸引志同道合的人、想法和环境。

（6）一致法则——你会成为自己思想的产物。掌控自己的思想，外在的环境就会配合你的新思考方式。掌控你的思维，就能控制自己人生的方向。

原则 3：制订个人的成功计划

自我概念决定了个人在人生各个领域的效

能。若想要有更大的成就，就必须控制和塑造你的自我概念，重新规划自己。你可以采用下列4种心理法则：

（1）习惯法则——一再重复的行为最后会变成习惯，因此要培养新习惯，只要持续在一段时间内反复操作即可。

（2）情感法则——任何行动背后都隐藏着正面或负面的情绪，若想达到更多目标，就该反复思索能够为自己带来正面情绪的想法。

（3）专注法则——魂牵梦萦的事物，自然会在生活中占有越来越重要的地位。

（4）潜意识活动法则——由于个人潜意识会自动运作，因此更应该谨慎选择思考的内容，以便想出实现个人愿景的计划。

原则4：实践养成新习惯的7个步骤

培养良好的新习惯，有下列7个步骤：

（1）下定决心——你将随时随地以特定的新方式行动。

（2）在养成习惯期间，绝不容许任何例外——强迫自己说到做到，直到该项行为变成自然反应。

（3）把你的决心告诉其他人——让你有所警惕，因为大家随时都会观察你有没有实践目标。

（4）想象自己以特定的方式行动——因为光是想象，就能让你的新行为融入潜意识中。

（5）写下鼓励的言词——一再把这些鼓励的话念给自己听，尤其是睡前和起床的时候，这能让你充满信心地面对新的一天。

（6）坚持决心——刻意持续练习新行为，直到成为自然反应。

（7）奖励自己——奖励自己养成了新行为，这能强化个人进步的印象。